21 世纪高等学校机械设计制造及其自动化专业系列教材

AutoCAD 机械设计绘图教程

主　编　何建英

华中科技大学出版社
中国·武汉

内 容 简 介

本书系统地讲解了 Autodesk 公司最新推出的专业绘图软件——AutoCAD 2013 的功能和应用。本书按照"教学内容、教师课堂演示、学生上机实践"的方法与流程，循序渐进地介绍AutoCAD 2013 软件的基本操作、绘图基础、绘制和编辑二维图形、标注文字、标注尺寸、各种精确绘图工具、图形显示控制、填充图案、创建块与属性、绘制基本三维实体模型和图形打印等内容。

本书在编写风格上考虑到网络学生与自学者的学习习惯，在进行知识点讲解的同时，列举了大量的实例，使读者能在实践操作中掌握 AutoCAD 2013 的使用方法和技巧。此外，本书在各章中还配有精心选择的综合应用实例和练习题，可以使读者进一步加深对各章知识的理解，灵活掌握基本绘图命令、作图方法及应用技巧。

本书具有很强的针对性和实用性，结构严谨、叙述清晰、内容丰富、图文并茂、通俗易懂，既可以作为大中专院校相关专业以及 CAD 培训机构的教材，也可以作为要求使用 CAD 的工程技术人员的自学指南。

图书在版编目(CIP)数据

AutoCAD 机械设计绘图教程/何建英主编. —武汉：华中科技大学出版社，2014.5
ISBN 978-7-5609-9782-7

Ⅰ.①A… Ⅱ.①何… Ⅲ.①机械设计-计算机辅助设计-AutoCAD 软件-教材 Ⅳ.①TH122

中国版本图书馆 CIP 数据核字(2014)第 101489 号

AutoCAD 机械设计绘图教程　　何建英　主编

责任编辑：刘　勤
封面设计：李　嫚
责任校对：马燕红
责任监印：张正林
出版发行：华中科技大学出版社(中国・武汉)
武昌喻家山　邮编：430074　电话：(027)81321915
录　　排：武汉楚海文化传播有限公司
印　　刷：武汉中远印务有限公司
开　　本：710mm×1000mm　1/16
印　　张：10.75
字　　数：210 千字
版　　次：2014 年 8 月第 1 版第 1 次印刷
定　　价：20.00 元

21世纪高等学校

机械设计制造及其自动化专业系列教材

编审委员会

21世纪高等学校
机械设计制造及其自动化专业系列教材

总　序

“中心藏之,何日忘之”,在新中国成立60周年之际,时隔“21世纪高等学校机械设计制造及其自动化专业系列教材”出版9年之后,再次为此系列教材写序时,《诗经》中的这两句诗又一次涌上心头,衷心感谢作者们的辛勤写作,感谢多年来读者对这套系列教材的支持与信任,感谢为这套系列教材出版与完善作过努力的所有朋友们。

追思世纪交替之际,华中科技大学出版社在众多院士和专家的支持与指导下,根据1998年教育部颁布的新的普通高等学校专业目录,紧密结合“机械类专业人才培养方案体系改革的研究与实践”和“工程制图与机械基础系列课程教学内容和课程体系改革研究与实践”两个重大教学改革成果,约请全国20多所院校数十位长期从事教学和教学改革工作的教师,经多年辛勤劳动编写了“21世纪高等学校机械设计制造及其自动化专业系列教材”。这套系列教材共出版了20多本,涵盖了“机械设计制造及其自动化”专业的所有主要专业基础课程和部分专业方向选修课程,是一套改革力度比较大的教材,集中反映了华中科技大学和国内众多兄弟院校在改革机械工程类人才培养模式和课程内容体系方面所取得的成果。

这套系列教材出版发行9年来,已被全国数百所院校采用,受到了教师和学生的广泛欢迎。目前,已有13本列入普通高等教育“十一五”国家级规划教材,多本获国家级、省部级奖励。其中的一些教材(如《机械工程控制基础》《机电传动控制》《机械制造技术基础》等)已成为同类教材的佼佼者。更难得的是,“21世纪高等学校机械设计制造及其自动化专业系列教材”也已成为一个著名的丛书品牌。9年前为这套教材作序的时候,我希望这套教材能加强各兄弟院校在教学改革方面的交流与合作,对机械工程类专业人才培养质量的提高起到积极的促进作用，现在看来，这一目标很好地达到了，让人倍感欣慰。

李白讲得十分正确："人非尧舜，谁能尽善？"我始终认为，金无足赤，人无完人，文无完文，书无完书。尽管这套系列教材取得了可喜的成绩，但毫无疑问，这套书中，某本书中，这样或那样的错误、不妥、疏漏与不足，必然会存在。何况形势总在不断地发展，更需要进一步来完善，与时俱进，奋发前进。较之 9 年前，机械工程学科有了很大的变化和发展，为了满足当前机械工程类专业人才培养的需要，华中科技大学出版社在教育部高等学校机械学科教学指导委员会的指导下，对这套系列教材进行了全面修订，并在原基础上进一步拓展，在全国范围内约请了一大批知名专家，力争组织最好的作者队伍，有计划地更新和丰富"21 世纪机械设计制造及其自动化专业系列教材"。此次修订可谓非常必要，十分及时，修订工作也极为认真。

"得时后代超前代，识路前贤励后贤。"这套系列教材能取得今天的成绩，是几代机械工程教育工作者和出版工作者共同努力的结果。我深信，对于这次计划进行修订的教材，编写者一定能在继承已出版教材优点的基础上，结合高等教育的深入推进与本门课程的教学发展形势，广泛听取使用者的意见与建议，将教材凝练为精品；对于这次新拓展的教材，编写者也一定能吸收和发展原教材的优点，结合自身的特色，写成高质量的教材，以适应"提高教育质量"这一要求。是的，我一贯认为我们的事业是集体的，我们深信由前贤、后贤一起一定能将我们的事业推向新的高度！

尽管这套系列教材正开始全面的修订，但真理不会穷尽，认识不是终结，进步没有止境。"嘤其鸣矣，求其友声"，我们衷心希望同行专家和读者继续不吝赐教，及时批评指正。

是为之序。

中国科学院院士　杨叔子

2009. 9. 9

前　言

AutoCAD(Auto Computer Aided Design)是由美国欧特克 Autodesk 有限公司在 1982 年开发的用于二维绘图和基本三维设计的计算机辅助设计软件，现已经成为国际上广为流行的绘图工具，它广泛应用于机械设计、土木建筑、装饰装潢、城市规划、园林设计、电子电路、服装鞋帽、航空航天、轻工化工等诸多领域。在不同的行业中，Autodesk 开发了行业专用的版本和插件，如机械设计与制造行业中发行了 AutoCAD Mechanical 版本等。其.dwg 文件格式已成为二维绘图的事实标准格式。

AutoCAD 软件有以下几个特点：具有完善的图形绘制功能、有强大的图形编辑功能、可以采用多种方式进行二次开发或用户定制、可以进行多种图形格式的转换，具有较强的数据交换能力、支持多种硬件设备、支持多种操作平台，具有通用性、易用性，适用于各类用户。此外，从 AutoCAD 2000 开始，该系统又增添了许多强大的功能，如 AutoCAD 设计中心（ADC）、多文档设计环境（MDE）、Internet 驱动、新的对象捕捉功能、增强的标注功能以及局部打开和局部加载的功能。

本书是根据长期培训经验，从利于教与学的角度，以机械最常见的图形为例组织编写的。本书共分 10 章，全面介绍了 AutoCAD 2013 的各种功能。

由于编者的水平有限，书中难免有不妥之处，敬请广大读者批评指正。

编　者
2014.3

第1章　AutoCAD 软件的基本操作

本章重点

(1) 熟悉 AutoCAD 2013 的界面；

(2) 熟悉通过“文件”菜单，进行图形文件的新建、打开等基本操作；

(3) 熟悉 AutoCAD 2013 的工作空间与工作界面及其切换；

(4) 熟悉 AutoCAD 2013 执行命令的方式。

计算机辅助设计(CAD，computer aided design)是以计算机、外围设备及其系统软件为基础，包括二维绘图设计、三维几何造型设计、优化设计、仿真模拟及产品数据管理等内容，逐渐向标准化、智能化、可视化、集成化、网络化方向发展。它是随着计算机、网络、信息等技术及理论的进步而不断发展的。

20 世纪 50 年代初期，类似于示波器的计算机的图形显示器(CRT)可以显示简单图形，CRT 的出现为计算机生成和显示图形提供了可能。20 世纪 50 年代末期，MIT 林肯实验室在 Whirlwind 上开发 SAGE(半自动地面防空警备系统)，通过光笔在屏幕上指点与系统交互。它标志着交互式图形技术的诞生。

20 世纪 60 至 70 年代是计算机图形学蓬勃发展和技术实用化时期。此时提出并发展的计算机图形学、交互技术、分层存储符号的数据结构等新思想，为 CAD 技术的发展和应用打下了理论基础。

20 世纪 80 年代是软件实用化时期。成熟的图形系统和 CAD/CAM 工作站的销售量与日俱增，CAD/CAM 技术已从大中企业向小企业扩展；从发达国家向发展中国家扩展；从用于产品设计发展到用于工程设计和工艺设计等。

20 世纪 90 年代至 20 世纪，由于微机加视窗 95/98/NT 操作系统与工作站加 Unix 操作系统在以太网的环境下构成了 CAD 系统的主流工作平台，现在的 CAD 技术和系统都具有良好的开放性。图形接口、图形功能也日趋标准化。

21 世纪初是 CAD 软件重新整合阶段。随着 Internet 技术的广泛应用，协同设计、虚拟制造等技术的发展，要求一个完善的 CAD 软件必须能够满足现代设计人员的各种要求，如 CAD 与 CAM 的集成、无缝连接及较强的装配功能，及渲染、仿真、检测等功能。

在 CAD 系统中，综合应用文本、图形、图像、语音等多媒体技术和人工智能、专家系统等技术大大提高了自动化设计的程度，出现了智能 CAD 新学科。智能 CAD 把工程数据库及其管理系统、知识库及其专家系统、拟人化用户接口管理系统集于一体，形成了完美的 CAD 系统结构。

早期的 CAD 系统通常用线框、曲面和实体这三种形式显示模型。目前的三维软件可以将三者有机结合起来，形成一个整体，在建立产品几何模型时兼用线、面、体三种设计手段。它所有的几何造型享有公共的数据库，造型方法间可互相替换，而不需要进行数据交换。

三维实体 CAD 技术的代表软件有 CATIA、Pro/Engineer、UG、SolidWorks、Inventor、3Dmax、CAXA 等。

AutoCAD 是美国 Autodesk 公司于 1982 年推出的一个交互式绘图系统，是世界上应用最广的 CAD 软件，目前进行了 20 多次升级，已成为工程设计领域中应用最为广泛的计算机辅助设计软件之一。它已由原先的侧重于二维绘图技术为主，发展到二维、三维绘图技术兼备，且具有网上设计的多功能 CAD 软件系统。它具有易于掌握、使用方便、体系结构开放等优点，通过交互菜单或命令行方式便可以进行各种操作。它的多文档设计环境，让非计算机专业人员也能很快地学会使用。它具有绘制二维图形与三维建模、标注尺寸以及打印输出图样等功能。

AutoCAD 2013 版本除了在图形处理等方面的功能有所增强外，另一个最显著的特征是增加了参数化绘图功能。用户可以对图形对象建立几何约束，以保证图形对象之间有准确的位置关系，如平行、垂直、相切、同心、对称等关系；可以建立尺寸约束，通过该约束，既可以锁定对象，使其大小保持固定，也可以通过修改尺寸值来改变所约束对象的大小。

1.1　安装、启动和退出 AutoCAD 系统

1. 安装 AutoCAD 系统

在“欧特克学生设计联盟(http://students. autodesk. com. cn/)”网站中注册一个用户后，在“产品下载”栏目中就可以下载正版的 AutoCAD 软件，双击下载的安装文件，系统自动解压并安装系统。也可以购买该系统的安装光盘，光盘中有名为 SETUP. EXE的安装文件。执行 SETUP. EXE 文件，根据弹出的窗口选择、操作即可。

2. 启动 AutoCAD 系统

安装 AutoCAD 后，系统会自动在 Windows 桌面上生成对应的快捷方式的图标 。双击该图标，即可启动 AutoCAD。与启动其他应用程序一样，也可以通过 Windows 资源管理器、Windows 任务栏按钮等启动 AutoCAD。

3. 退出 AutoCAD 系统

可以通过以下四种方式退出系统：

(1) 单击标题栏关闭控制按钮；

(2) 在菜单栏中单击“文件”|“退出”；

(3) 在命令行(Command)键入“Quit” 或“Exit”并回车；

(4) 按快捷键 Ctrl+Q 或 Alt+F4 即可。

1.2　AutoCAD 系统的工作界面

中文版 AutoCAD 为用户提供了“AutoCAD 经典”、“三维建模”、“三维基础”和“草图与注释”等多种空间模式。“AutoCAD 经典”是绘制二维图形的工作界面，如图 1-1 所示。它由标题栏、菜单栏、工具栏、绘图窗口、命令窗口和状态栏等元素组成。

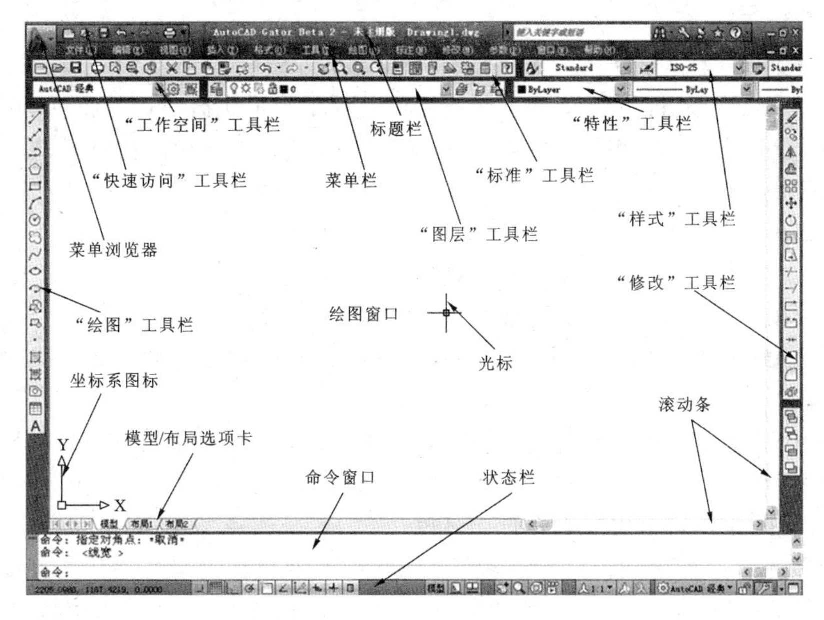

图 1-1　AutoCAD 经典界面

1. 标题栏

标题栏位于应用程序的最上一行，用于显示当前正在运行的程序名及文件名，以及控制界面显示最小化、最大化和关闭的按钮等信息。如果是 AutoCAD 默认的图形文件，其名称为 DrawingN. dwg（N 是数字，N＝1，2，3，…表示第 N 个默认图形文件）。单击标题栏右端的　　按钮，可以最小化、最大化或关闭程序窗口。标题栏最左边是软件的小图标　，单击它将会弹出一个 AutoCAD 窗口控制下拉菜单，可以进行新建、打开、保存、另存为、关闭 AutoCAD 窗口等操作。

2. 菜单栏

菜单栏位于标题栏的下方，由“文件”、“编辑”、“视图”等菜单组成，几乎包括了 AutoCAD 中全部的功能和命令。每个菜单都有自己的一组命令，打开菜单选择其中的命令，就会执行相应的功能。它包含了 AutoCAD 中绝大部分的命令功能。

若菜单项后面跟省略符号（…），则选择该菜单项将会弹出一个对话框，以提供进一步的选择和设置；

若菜单项后面跟一个实心的小三角(▸),则该菜单项还有若干子菜单;

若菜单项后带有快捷键,表示打开此菜单时,按下快捷键即可执行命令;

若菜单项后带有组合键,表示直接按组合键即可执行此命令;

若菜单项变为灰色,表示此命令在当前状态下不可使用。

用户可以根据个人需要重新定义菜单,其定义方式是单击“工具”菜单中的“自定义”,在弹出的菜单中选取“界面”即可重新定义菜单。

3. 快捷菜单

快捷菜单又称为上下文关联菜单、弹出菜单。在绘图区域、工具栏、状态栏、模型与局选项卡及一些对话框上单击鼠标右键时将弹出一个快捷菜单,该菜单中的命令与 AutoCAD 当前状态相关。使用它们可以在不必启用菜单栏的情况下,快速、高效地完成某些操作。

4. 工具栏

工具栏是应用程序调用命令的一种方式,它是一种以图标按钮形式显现的可浮动的命令按钮集合。其特点是直观,单击各图标可快速执行命令。工具栏可以随意显示和隐藏,位置可以固定和移动。在默认情况下,“标准”、“特性”、“绘图”和“修改”等工具栏处于打开状态,如图 1-1 所示。

AutoCAD 是一个相当复杂的软件,它的工具栏涉及的内容很多,通常每个工具栏都由多个图标按钮组成,每个图标按钮分别对应相应的命令。在 AutoCAD 2013 中,系统共提供了 40 多个已命名的工具栏。

若要显示一个工具栏,可先将光标移到任意工具栏上,单击鼠标右键后,弹出一个快捷菜单,它提供了 AutoCAD 的所有工具栏,再单击某一选项,系统将弹出对应的工具栏。

AutoCAD 的所有工具栏都是浮动的,它可以放在屏幕上的任何位置,并且可以改变其大小和形状。对任何工具栏,把光标放置在它的标题栏或者其他非图标按钮处,然后按住鼠标左键,即可以将它拖动到需要的地方。对于任何工具栏,把光标放置在它的边界处,当光标成为双向箭头时,按下鼠标左键拖动即可以改变工具栏的大小和形状。

单击工具栏中的按钮“✖”,即可隐藏该工具栏。

锁定工具栏就是将工具栏固定在特定的位置。被锁定的工具栏的标题是不显示的,如“绘图”工具栏、“标准”工具栏和“对象特性”工具栏等。要锁定一个工具栏,可以在工具栏的标题上按住鼠标左键并将工具栏拖到 AutoCAD 窗口的上下两边或左右两边,这些地方都是 AutoCAD 的锁定区域。当工具栏的外轮廓线出现在锁定区域之后,释放鼠标左键即可锁定该工具栏。如果要将工具栏放在锁定区域中但并不锁定它,可在拖动时按住 Ctrl 键。

5. 绘图窗口

绘图窗口位于屏幕的中央,是用户绘制和编辑图形的工作窗口。绘图区没有边界，利用视窗缩放功能，可使绘图区无限增大或缩小。因此，无论多大的图形，都可置于其中。用户可根据需要关闭部分工具栏，以增大绘图空间。如图样较大时，可单击窗口右边与下边滚动条上的箭头，或拖动滚动条上的滑块来移动图样。

在绘图窗口中还显示了当前使用的坐标系类型以及坐标原点、X 轴、Y 轴、Z 轴的方向。默认情况下，坐标系为世界坐标系（WCS）。

绘图窗口的下方有“模型”和“布局”选项卡，单击它们可以在模型空间或图纸空间之间来回切换。

6. 命令窗口与文本窗口

命令行位于绘图窗口的底部，它是通过键盘输入 AutoCAD 命令和参数以及显示系统提示信息的区域。命令窗口的提示符若为“命令：”，则表示系统处于等待输入命令的状态。“命令行”是可以拖放为浮动窗口的。

在单击“工具”选项卡中的“命令行”，可以设置是否显示命令窗口。

AutoCAD 文本窗口是记录 AutoCAD 命令的窗口，是放大的“命令行”，它记录了已执行的命令，也可以用来输入新命令。可以通过单击“视图”|“显示”|“文本窗口”命令或执行“TEXTSCR”命令或按 F2 键来打开“文本窗口”。

在执行命令过程中，文本窗口中会提示下一步的操作，如图 1-2 所示。因此在绘制或编辑图形时应经常留心观察文本窗口中的提示，以提高绘图速度。

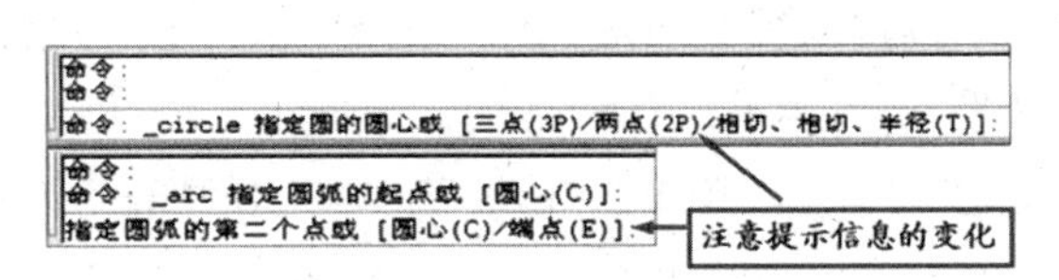

图 1-2　命令窗口

7. 状态栏

状态栏位于命令窗口的下方，用来显示 AutoCAD 当前的状态，如图 1-3 所示。

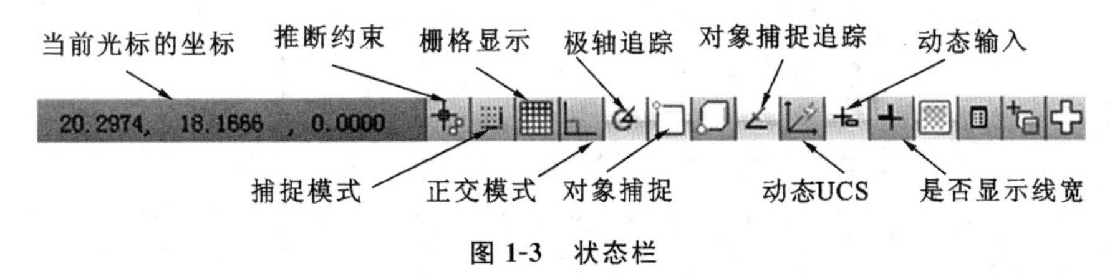

图 1-3　状态栏

坐标区中显示了当前十字光标所处位置的坐标值（X，Y，Z）。推断约束可以自动在正在创建或编辑的对象与对象捕捉的关联对象或点之间应用，如平行、垂直等约束。

单击状态栏中辅助绘图功能按钮，实现其功能的开关转换。当按钮呈现按下状态时为该功能的打开状态，反之为该功能的关闭状态。当光标位于辅助绘图功能按钮处时，单击鼠标右键，弹出快捷菜单，它可以完成辅助绘图功能按钮的打开、关闭及其他设置的操作。

注意：AutoCAD 中的菜单命令、工具栏、命令和系统变量都是相互对应的，可以选择某一菜单命令或单击某个工具栏中的按钮或在命令行中输入命令和系统变量来执行命令。

在 AutoCAD2013 中，选择“工具”|“工作空间”|“三维建模”菜单命令，可以从 AutoCAD 的经典界面切换到“三维建模”工作界面，如图 1-4 所示。使用“三维建模”工作界面，用户可以更加方便地在三维空间中绘制图形。

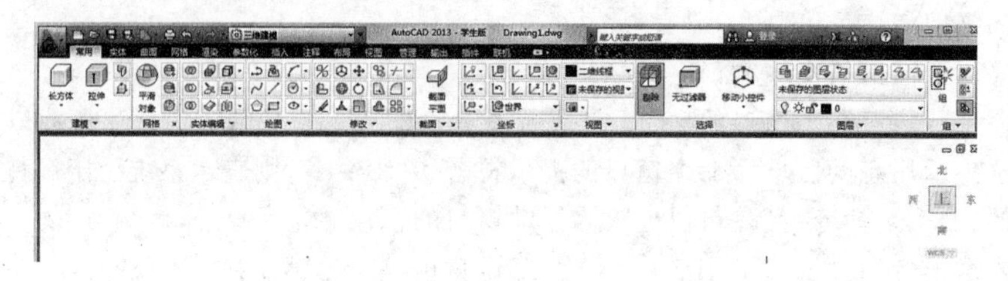

图 1-4　AutoCAD 的三维建模界面

1.3　图形文件管理

图形文件管理的工具栏是“标准”工具栏，它包括创建新的图形文件、打开已有的图形文件、关闭图形文件，以及保存图形文件等操作。

1. 创建新图形文件

选择“文件”|“新建”菜单命令，或在“标准”工具栏中单击按钮 ，或在命令行输入“QNEW/NEW”，可以创建新图形文件，此时将弹出“选择样板”对话框，如图 1-5 所示。

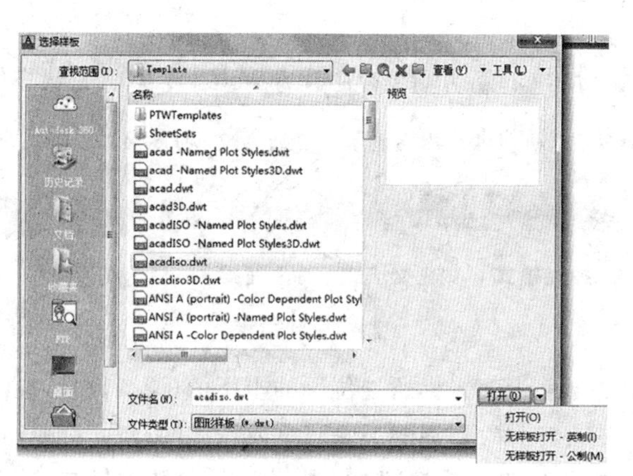

图 1-5　“选择样板”对话框

在“选择样板”对话框中，用户可以在样板列表框中选中一样板文件，单击“打开”，可以以选中的样板文件为样板创建新图形。样板文件通常包含有与绘图相关的一些通用设置，如图层、线型、文字样式、尺寸标注样式等的设置和标题栏、图幅框等通用图形对象。利用样板创建新图形，不仅可以避免创建新图形的重复设置，还可保证图形的一致性。

用户也可以单击对话框中“打开”按钮的右边按钮，在其下拉菜单中选择“无样板打开-公制(M)”，创建一个无样板的以毫米为单位的新图形，如图 1-5 所示。

2. 打开图形文件

选择“文件”|“打开”菜单命令或单击按钮，或按快捷键 Ctrl＋O，或在命令行输入 open，可以打开已有的图形文件。在“选择文件”对话框的文件列表框中，选择适当的路径打开需要的文件，在右边的“预览”框中，将显示出该图形的预览图像。

3. 保存图形文件

选择“文件”|“保存”菜单命令，或单击按钮，或在命令行输入 qsave，可以将所绘制的图形以各种不同的文件类型和不同的版本保存起来。系统在默认情况下，文件以 *.dwg 格式保存。也可以选择“文件”/“另存为”菜单命令(SAVEAS)，将当前图形以新的名称保存。

4. 加密保护绘图数据

AutoCAD 2013 在保存文件时可以使用密码保护功能，对文件进行加密保存。选择“文件”|“保存”或“另存为”菜单命令，在弹出的“图形另存为”对话框中单击“工具”按钮，在其下拉菜单中选取“安全选项”选项，弹出“安全选项”对话框，用户可在对话框中输入密码。若文件设置了密码，在打开该文件时，系统将弹出“密码”对话框，要求输入正确的密码，否则无法打开文件。这对于需要保密的图样非常重要。

5. 关闭图形文件

用户结束绘图工作后，可选择“文件”|“关闭”菜单命令，或在绘图窗口的右上角单击按钮，可以关闭当前的图形文件。在关闭绘图系统时，系统会提示保存当前图形文件并退出。

1.4　系统参数的设置

选择“工具”|“选项”菜单命令，可以设置文件存放路径等 AutoCAD 的一些参数。

1. 设置文件路径

在“选项”对话框中，可以使用“文件”选项卡设置 AutoCAD 搜索相关文件的路径、文件名和文件位置等。

2. 设置显示性能

“显示”选项卡可以设置绘图工作界面的显示格式、图形显示精度等，如图 1-6 所示。可以设置工作界面中一些区域的背景和文字的颜色；通过“显示精度”选项可以设置绘图对象的显示精度，它可以使曲线曲面更光滑；通过“十字光标大小”选项可以设置光标在绘图区内十字线的长度。

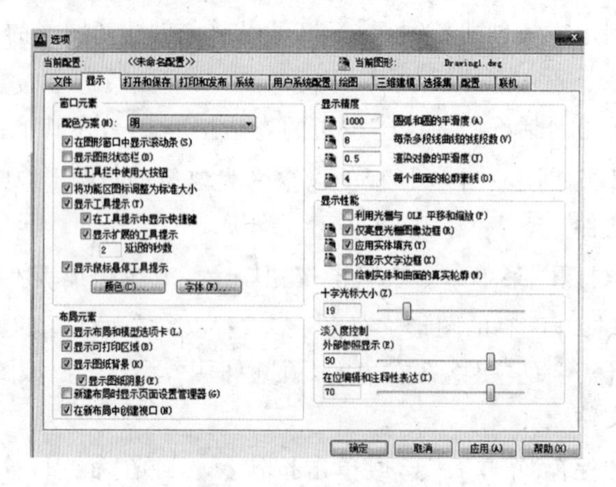

图 1-6　“显示”选项卡对话框

3. 设置文件打开与保存方式

“打开和保存”选项卡是设置打开和保存图形文件的有关操作。如保存图形文件时的文件版本、格式(如 *.dwg、*.dxf 等),是否同时生成备份文件(*.bak)等,通过“安全选项”可以设置打开文件时所需的密码。

4. 设置用户系统配置

在默认状态下,单击鼠标右键会弹出快捷键菜单。用户可以单击“自定义右键单击”按钮,设置鼠标右键的功能,如图 1-7 所示的设置是当选定对象单击右键时,系统弹出的对话框:若没有选定对象单击右键,重复上一次的操作;若“正在执行命令时单击右键”,则表示确认。

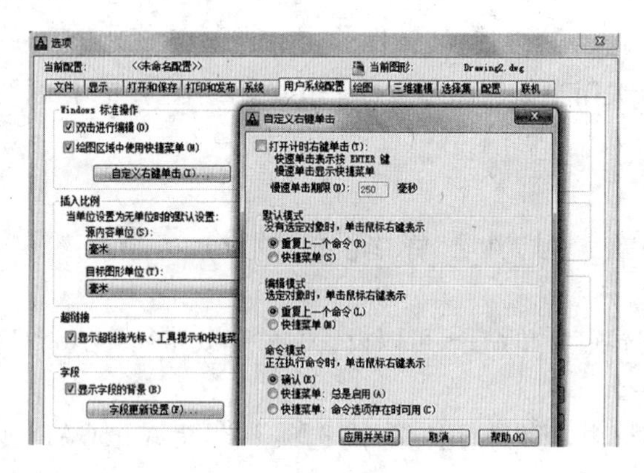

图 1-7　“自定义右键单击”的对话框

5. 设置绘图选项卡

“绘图”选项卡可以设置对象自动捕捉、自动跟踪等功能。如设置显示极轴跟踪的矢量数据、设置自动捕捉标记大小和靶框大小、设置夹点的颜色等。

6. 设置选择模式

“选择集”选项卡可以设置选择集模式和夹点功能。它可以设置是否先选择对象构造一选择集，然后再对该选择集进行编辑操作命令；可以设置是否使用夹点编辑功能等。

1.5　AutoCAD命令调用及帮助

AutoCAD可以通过菜单、工具栏图标按钮和命令行键盘输入这三种方式输入命令。

重复执行命令方法有两种：

(1) 按键盘上的Enter键或按Space键；

(2) 使光标位于绘图窗口，单击鼠标右键，AutoCAD弹出快捷菜单，并在菜单的第一行显示出重复执行上一次所执行的命令，选择此命令即可重复执行对应的命令。

终止AutoCAD命令的执行方法有两种：

(1) 在命令的执行过程中按Esc键；

(2) 单击鼠标右键，在弹出的快捷菜单中选择“取消”。

单击“帮助”菜单，在搜索中输入关键字，即可获取相关的帮助。若在执行命令过程中单击F1功能键可以激活在线帮助窗口，在信息选项板可以实时指导命令的使用方法步骤。

1.6　使用鼠标执行命令

在绘图区，AutoCAD光标通常为十字形式，其他区域为箭头。单击鼠标会执行相应的命令或动作。

鼠标左键通常是拾取键。用于指定屏幕上的点、选中被单击的对象、执行相应的命令等。

鼠标右键又称回车键，代替回车。单击鼠标右键可以结束命令或弹出快捷菜单或重复上次命令。

在绘图区滚动鼠标中键可以放大或缩小图形。

1.7　操作错误的纠正方法

(1) 放弃选项。在执行命令过程中，AutoCAD的提示行内会出现“放弃”选项，如果输入U并回车，就可放弃刚刚完成的操作内容。

(2) 放弃命令。当执行完一条命令后，发现为误操作，可以在命令窗口中“命令:”提示下键入U并回车，则放弃刚执行的命令操作。

如果在“命令:”提示下连续键入 U 并回车,可以一直放弃到本次图形绘制或编辑的起始状态。

(3) 恢复命令。恢复(Redo)命令的恢复功能是相对于放弃而言的,当放弃了一条命令的操作后,又需要恢复它,可以键入“Redo”并回车。紧接着放弃命令后面执行恢复命令才有效。

(4) 取消命令。在执行一条命令过程中,如果想终止该命令的继续执行,可按 Esc 键取消该命令。

放弃或恢复命令也可以在标准工具条中单击按钮、。

1.8 透明命令

透明命令是指当执行 AutoCAD 的命令过程中可以执行的某些命令。

当在绘图过程中需要透明执行某一命令时,可直接选择对应的菜单命令或单击工具栏上的对应按钮,而后根据提示执行对应的操作。透明命令执行完毕后,AutoCAD会返回到执行透明命令之前的提示,即继续执行对应的操作。

通过键盘执行透明命令的方法为:在当前提示信息后输入“'”符号,再输入对应的透明命令后按 Enter 键或 Space 键,就可以根据提示执行该命令的对应操作,执行后 AutoCAD 会返回到透明执行此命令之前的提示。

例如“end”命令,在输入“line”命令后,再输入“end”,选取另一图线,则该直线的一个端点被捕捉到,并为正在绘制的直线的端点,这个就是透明命令。

1.9 控制图形显示

用计算机绘图时,经常需要对图形进行缩放、移动、重画、重生成。此时仅仅是图形在计算机屏幕上大小有变化,而存放在计算机中图形数据并没有改变。常用的工具条如图 1-8 所示。

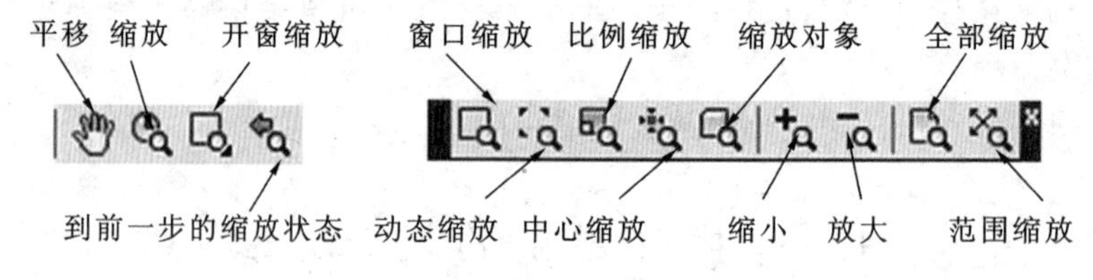

图 1-8　“图形显示”工具条

在命令行键入“Pan”或直接选择工具栏中的“平移”按钮后,按住鼠标左键可将图形平移到屏幕的其他位置,即使图形的特定部分置于显示屏幕。平移不改变图形中对象的位置或放大比例,只改变视图。

向里或向外滚动鼠标中键，可以随意放大或缩小图形。

单击“开窗缩放”按钮后，输入矩形框的两对角点，可将矩形框内的图形全屏显示。

单击“实时缩放”按钮后，按住鼠标左键，向上拖动鼠标，就可以放大图形，向下拖动鼠标，则缩小图形。可以通过点击ESC键或回车键来结束实时缩放操作，或者单击鼠标右键，选择快捷菜单中的“退出”项也可以结束当前的实时缩放操作。

单击“范围缩放”按钮或输入命令“ZOOM”再输入“A”后，全部图形以最大比例显示在屏幕上。

单击“显示前一个视图”按钮，则返回到前面显示的图形视图。可以通过连续单击该按钮的方式依次往前返回，但最多只能返回10次。

单击“动态缩放”按钮或输入命令“ZOOM”后再输入“D”，通过拾取框来动态确定要显示的图形区域。执行该命令后屏幕上会出现动态缩放特殊屏幕模式，其中有三个方框。蓝色虚线框一般表示图纸的范围，该范围是用“LIMITS”命令设置的边界或者是图形实际占据的矩形区域。绿色虚线框一般表示当前屏幕区，即当前在屏幕上显示的图形区域。选取视图框（框的中心处有一个×），用于在绘图区域中选取下一次在屏幕上显示的图形区域。

单击按“比例缩放”按钮、或输入命令“ZOOM”后再输入“S”（透明命令），可指根据给定的比例来缩放图形。

输入命令“ZOOM”后再输入“C”（透明命令）可以重新设置视图中心点，即将图形上的指定点作为绘图屏幕的显示中心点（实际上平移视图）。

输入命令“ZOOM”后再输入“A”（透明命令）可以根据绘图范围或实际图形将全部图形显示在屏幕上。此时如果各图形对象均没有超出由“LIMITS”命令设置的绘图范围，AutoCAD在屏幕上显示该范围。如果有图形对象画到所设范围之外，则会扩大显示区域。以将超出范围的部分也显示在屏幕上。

“Redraw”命令可以擦除在绘图或者图形处理（如编辑）过程中的痕迹，重新刷新当前视区所有的图形。

“Regen”命令将当前视图内的图形重新生成一遍，同时也会刷新视图，“Regen All”命令将整个图形重新生成一遍，同时也会刷新视图。

思　考　题

1-1　AutoCAD 2013的工作界面通常由哪几部分组成？

1-2　AutoCAD 2013提供了哪四种工作空间模式？

1-3　发布命令的常用方式有哪几种？

第 2 章　AutoCAD 绘图基础

本章重点

（1）掌握图层的基本概念；

（2）掌握设置图层的线型、线宽、颜色等的方法；

（3）掌握常用的各种精确定点的方法。

2.1　图　　层

在机械或建筑等工程制图中，图形主要有基准线、轮廓线、虚线、剖面线、尺寸标注以及文字说明等元素，图层是用来组织管理这些对象的最为有效的工具之一。通常可以将不同性质的对象（如基准线、轮廓线、虚线、文字、标注等）放置在不同的图层上，即对图形进行分类，这样可方便地通过控制图层的特性（如线型、颜色、锁定、冻结等）显示和编辑对象。可将 AutoCAD 的图层理解为透明的电子纸，一层一层重叠放置，用户可以根据需要增加和删除图层。

1. 图层的特点

所有图形对象都具有图层、颜色、线型和线宽四个基本属性，在图层上创建的对象一般都使用图层的缺省颜色、线型、线宽。

通过图层可以控制以下各项：

（1）图层上的对象在任何视口中是可见还是暗显；

（2）是否打印对象以及如何打印对象；

（3）为图层上的所有对象指定特定颜色；

（4）为图层上的所有对象指定默认的线型和线宽；

（5）是否可以修改图层上的对象；

（6）对象是否在各个布局视口中显示不同的图层特性。

当开始绘一幅新图时，AutoCAD 自动创建名为 0 的图层，它是 AutoCAD 的默认图层，其余图层需用户来定义。0 图层是无法被删除或重命名的。该图层可以确保每个图形至少包括一个图层，并提供与块中的控制颜色相关的特殊图层。

建议在绘制图形时不要在 0 图层上创建整个图形，而应该通过创建几个新图层来组织图形。

2. 图层的创建与删除

在如图 1-1 所示的“图层”工具栏中单击“图层特征管理器”按钮 或选菜单“格式”|“图层”，即打开“图层特性管理器”对话框，如图 2-1 所示。用户可创建新图层、

设置或修改图层属性等。

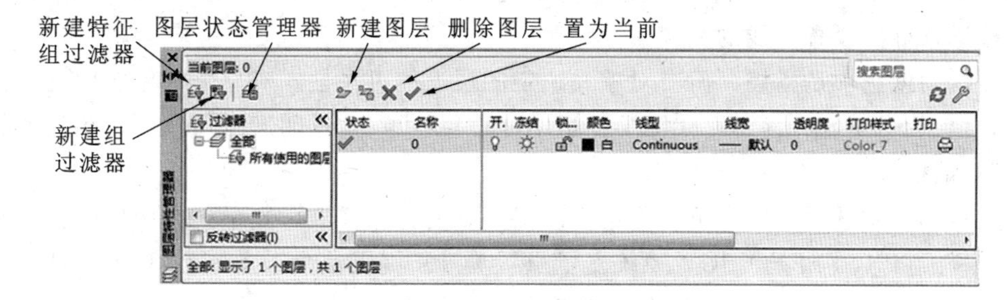

图 2-1　“图层特性管理器”对话框

单击“新建图层”按钮，就可创建一个新图层。默认情况下，新建的图层与当前的图层的属性相同。选中一个图层，再单击图层的名称，可重新输入图层的名称。图层名称不可超过 255 个字符，包括各类符号、数字、中文等。

图层与图层之间具有相同的坐标系、绘图界限、缩放倍数，不同层上的对象可以同时进行操作，而且操作是在当前图层上进行的。

选中一图层后单击“删除图层”按钮，再单击“应用”按钮，可删除该图层。

选中一图层后单击“置为当前图层”按钮，可将该图层设置为当前图层。

单击对话框左上角的按钮，可以退出图层设置状态。

AutoCAD 没有限制图层的数量，对每一图层上的对象数也没有限制，但只能在当前图层上绘图。为了便于区别，每一图层应有一个名称。

3. 图层属性的设置

颜色是图层的属性之一，每一图层都具有一定的颜色，同一图层也可使用不同的颜色绘图。在默认情况下，新建图层的颜色为黑色或白色(由背景色决定)。要改变图层的颜色，可在“图层特征管理器”对话框中单击该图层的“颜色”列对应的图标，在弹出的“选择颜色”对话框选择适当的颜色。

图层的另一属性是线型，常见的线型有实线、虚线、点画线、折线等。在默认情况下，图层的线型为 Continuous，如需要其他的线型，必须先加载其他线型。在“图层特征管理器”对话框中单击一个图层的“线型”列对应的图标，弹出“选择线型”的对话框，如图 2-2 所示。单击“加载”按钮，在弹出的“加载或重载线型”对话框中，双击需加载的线型，如图 2-3 所示。线型加载完后，用户才可设置图层的线型属性。

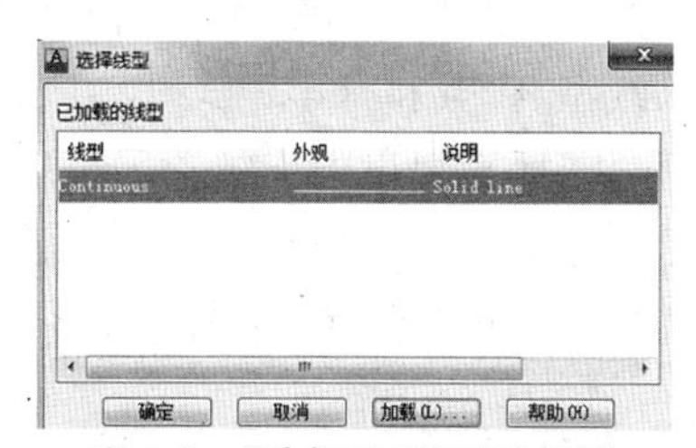

图 2-2　“选择线型”对话框图

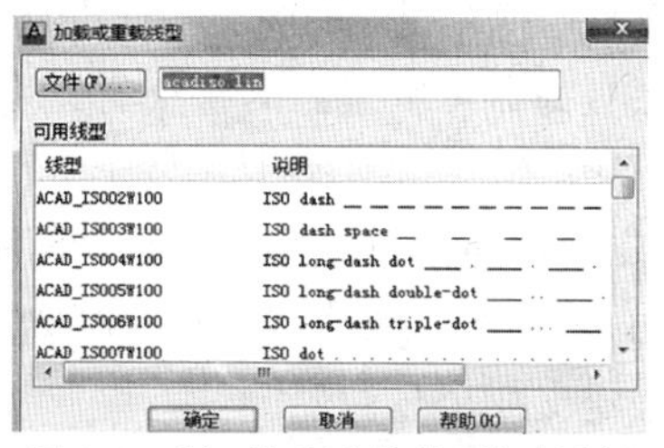

图 2-3　“加载或重载线型”对话框

单击“图层特征管理器”对话框中“线宽”列对应的图标，弹出“线宽”的对话框中，可按国家标准设置图线的宽度属性。

透明度选项是指控制所有对象在选定图层上的可见性。对单个对象应用透明度时，对象的透明度特性将替代图层的透明度设置。单击“透明度”值将显示“图层透明度”对话框。

打印样式选项是用来更改与选定图层关联的打印样式。如果正在使用颜色关联打印样式(PSTYLEPOLICY 系统变量设置为 1)，则无法更改与图层关联的打印样式。单击打印样式可以显示“选择打印样式”对话框。

打印选项是用于控制是否打印选定图层。即使关闭图层的打印，仍将显示该图层上的对象，但不会打印已关闭或冻结的图层。

4. 图层的状态

图层有打开、关闭、冻结、解冻、锁定与解锁等操作，它决定了各图层的可见性与可操作性。

图层的“开”选项用于打开和关闭选定图层。当图层打开时，它可见并且可以打印。当图层关闭时，它不可见并且不能打印，即使已打开“打印”选项。

图层的“冻结”选项是用于冻结所有视口中选定的图层，包括“模型”选项卡。已冻结图层上的对象将不能进行显示、打印、消隐或重生成等操作并无法渲染三维建模的图形。通常通过冻结图层来提高 ZOOM、PAN 和其他若干操作的运行速度，提高对象选择性能并减少复杂图形的重生成时间。

冻结一般用于长期不可见的图层。如果计划经常切换可见性设置，请使用“开/关”设置，以避免重生成图形。

图层中的“锁定”选项用于锁定和解锁选定图层，已锁定图层上的对象可以看到该图层上的实体，但是不能对它进行编辑。它可以降低意外修改对象的可能性。

4. 图层排序

创建图层后，在图层特性管理器中单击列标题(如状态、名称、开、冻结、颜色等)就会按该列中的特性排列图层。其中图层名可以按字母的升序或降序排列。

5. 图层过滤器

在大型图形中，使用图层过滤器可以选择需要显示的图层。过滤的方法有通过图层名称或其他特性相同的图层特征进行过滤，或是直接选择图层的图层组进行过滤。

图层过滤器可以过滤的特征有图层名、颜色、线型、线宽和打印样式，图层是否正在使用；打开还是关闭图层，在处于激活状态的视口或所有视口中冻结图层还是解冻图层，锁定图层还是解锁图层，是否将图层设置为打印。

例如，新建一个图层特征过滤器，它可以设置包括颜色为黑色、线宽为 0.35 的所有图层来定义一个过滤器。

在定义一个图层组过滤器时，通常将选定图层直接拖动到该过滤器。

图层特性管理器中的树状图显示了默认的图层过滤器以及在当前图形中创建并保存的所有命名过滤器。图层过滤器旁边的图标指示过滤器的类型。

6. 图层匹配与直接更改图形的特性

图层匹配可以将选定对象所在的图层，更改到使其匹配目标图层上。

其操作步骤是输入命令“laymch”，选择要修改其图层的对象，单击右键结束选择，再选取目标图层上的一个对象后，则更改了所选定对象所在的图层，以使其匹配目标图层。

直接更改图形特性的步骤是先用鼠标左键拾取或开窗选择需要更换图层的图元，在弹出的对话框中，可以全部或按图元类型（见图 2-4(a)），将选择的图元移到选定的图层里，如图 2-4(b)所示。

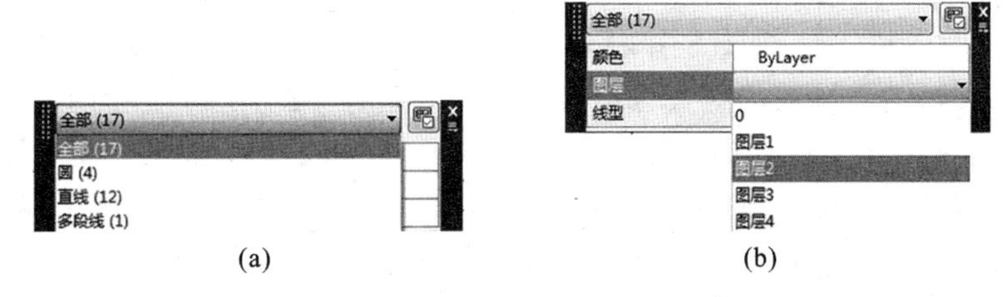

(a)　　(b)

图 2-4　直接更改图形的特性

7. 特性工具栏

利用特性工具栏，快速、方便地设置绘图颜色、线型以及线宽。图 2-5 所示为特性工具栏。在“颜色控制”、“线型控制”和“线宽控制”列表框中可以重新设置当前图层线条的颜色、线型和线宽，默认是随层，即 Bylayer。

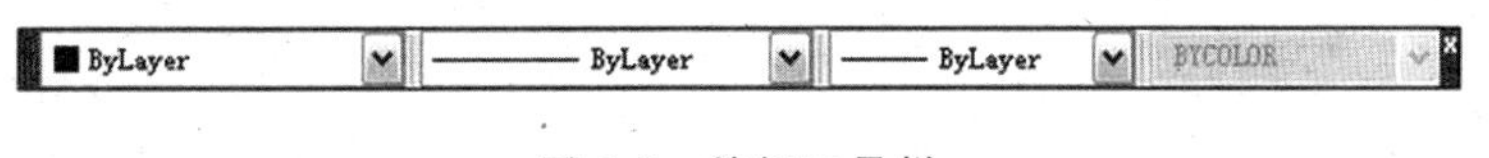

图 2-5　特征工具栏

在一般的工程设计中，通常需要设置如图 2-6 所示的常用图层。

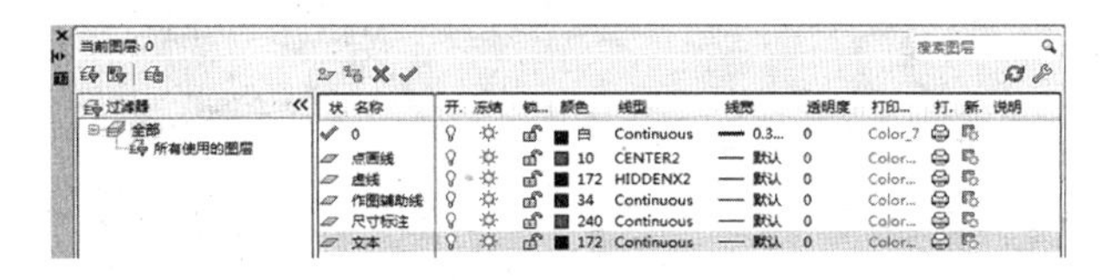

图 2-6　常用图层的设置

2.2　精确定位的方法

计算机绘图与手工绘图的最大区别就是能够精确定位，绘制图形时一定要牢固树立精确绘图的意识。精确绘图体现在准确的对象尺寸和准确的定位两个方面。通过光标准确定位，是可以提高作图效率和精确性。

点是构成图形的基本几何要素，绘图过程实际就是确定一系列点的过程。在绘制初始对象时，只能通过移动光标和输入坐标的方法来定位。用户在使用光标定位时很难准确指定特定的位置，或多或少都会存在误差，系统提供了多种辅助光标定位的方法。

AutoCAD 图形中各点的位置都是由坐标系来确定的。在 AutoCAD 中，有两种坐标系：称为世界坐标系（WCS）的固定坐标系和称为用户坐标系（UCS）的可移动坐标系。在 WCS 中，X 轴是水平的，Y 轴是垂直的，Z 轴垂直于 XY 平面，符合右手法则，该坐标系存在于任何一个图形中且不可更改。

1. 坐标系

(1)笛卡儿坐标系　笛卡儿坐标系又称直角坐标系，由一个坐标为(0,0)的原点和两个通过原点的、相互垂直的坐标轴构成。其中，水平方向的坐标轴为 X 轴，以向右为其正方向；垂直方向的坐标轴为 Y 轴，以向上为其正方向。平面上任何一点 P 都可以由 X 轴和 Y 轴的坐标所定义，即用一对坐标值(x,y)来定义平面上的一个点，如图 2-7 所示。

(2)极坐标系　极坐标系是由一个极点和一个极轴构成，极轴的方向为水平向右。平面上任何一点 P 都可以由该点到极点的连线长度 L(＞0)和连线与极轴的交角 α(极角，逆时针方向为正)所定义，即用一对坐标值(L＜a)来定义一个点，其中“＜”表示角度，如图 2-8 所示。

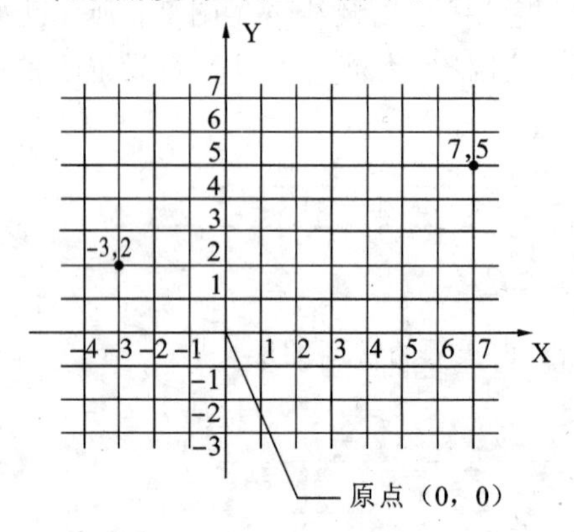

图 2-7　直角坐标系

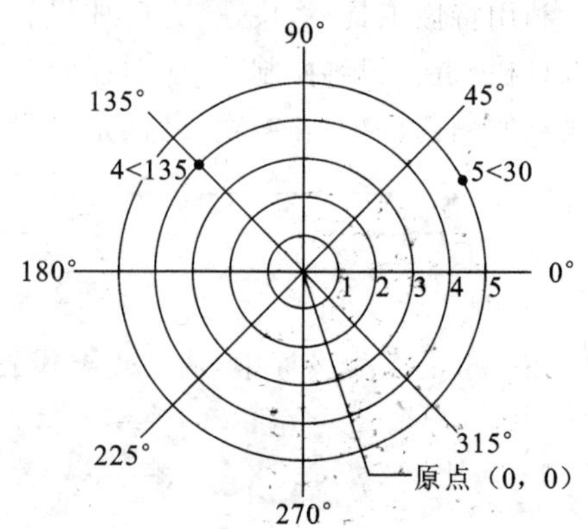

图 2-8　极坐标系

(3)相对坐标　在某些情况下，需要直接通过点与点之间的相对位移来绘制图形，而不是指定每个点的绝对坐标。为此，AutoCAD 提供了使用相对坐标的办法。所谓相对坐标，就是某点与相对点的相对位移值，在 AutoCAD 中相对坐标用“@”标识。使用相对坐标时可以使用笛卡儿坐标，也可以使用极坐标，可根据具体情况而定，如图 2-9 所示。

2. 坐标值的显示

在屏幕底部状态栏左端显示当前光标所处位置的坐标值，该坐标值有三种显示

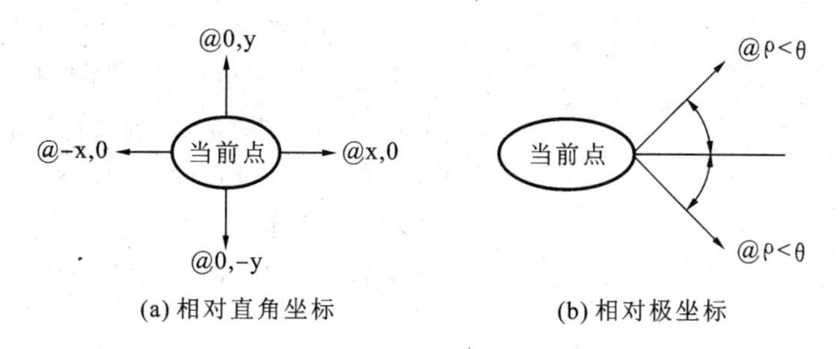

(a) 相对直角坐标　　(b) 相对极坐标

图 2-9　相对坐标

状态。

(1) 绝对坐标状态　显示光标所在位置的坐标。

(2) 相对极坐标状态　在相对于前一点来指定第二点时可使用此状态。

(3) 关闭状态　颜色变为灰色,并"冻结"关闭时所显示的坐标值。

用户可根据需要在这三种状态之间进行切换,方法也有三种:

(1) 连续按 F6 键可在这三种状态之间相互切换;

(2) 在状态栏中显示坐标值的区域,双击也可以进行切换;

(3) 在状态栏中显示坐标值的区域,单击鼠标右键可弹出快捷菜单,在菜单中选择所需状态。

3. 用键盘输入坐标确定点

用户可以在命令行通过键盘输入点的坐标,如表 2-1 所示。

表 2-1　AutoCAD 点的坐标值输入法

坐标系	坐标方式	说　明	键盘输入格式
直角坐标	绝对坐标	是从(0,0)或(0,0,0)出发的位移,用分数、小数或科学记数等形式表示点的 X、Y、Z 轴坐标值,坐标间用逗号隔开	X,Y
	相对坐标	以输入点相对于前一个输入点坐标值的增量坐标值 ΔX、ΔY 表示	@ΔX,ΔY
极坐标	绝对坐标	是从(0,0)或(0,0,0)出发的位移,但给定的是距离和角度,其中距离和角度用"<"分开,且规定 X 轴正向为 0°,Y 轴正向为 90°	距离<角度
	相对坐标	以输入点相对于前一个输入点坐标值的直线距离,及与 X 轴正方向之间的夹角表示,角度的正方向为逆时针方向	@距离<角度

4. 设置图形单位

UNITS 命令用于设置绘图单位。默认情况下 AutoCAD 使用十进制进行数据显示或数据输入,可以根据具体情况设置绘图的单位类型和数据精度。单击菜单"格式"|"单位"或在命令行输入"UNITS"回车,弹出"图形单位"对话框,如图 2-10 所示,它可以设置长度和角度的当前单位及当前单位的精度。如将精度设为"0",则表示取

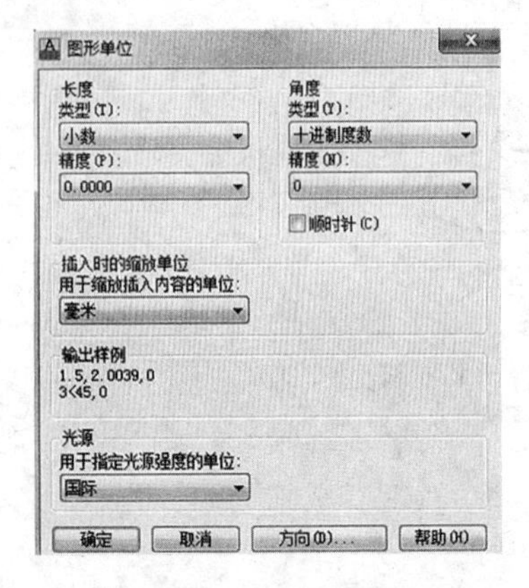

图 2-10 “图形单位设置”对话框图

整数。“插入时的缩放”选项是控制插入到当前图形中的块和图形的测量单位。如果块或图形创建时使用的单位与该选项指定的单位不同,则在插入这些块或图形时,将对其按比例缩放。插入比例是指源块或图形使用的单位与目标图形使用的单位之比。如果插入块时不按指定单位缩放,请选择“无单位”。

注意:当源块或目标图形中的“插入比例”设定为“无单位”时,将使用“选项”对话框的“用户系统配置”选项卡中的“源内容单位”和“目标图形单位”设置。

“输出样例”下显示的是用当前单位和角度设置的例子。

5. 绘图图限的设置

绘制绘图时,系统是可以绘制任意大小的图形。绘图边界即是设置图形绘制完成后输出的图纸大小。常用图纸幅面有 A0～A4,一般称为 0～4 号图纸。绘图界限的设置应与选定图纸的大小相对应。

无论使用真实尺寸绘图,还是使用变比后的数据绘图,都可以在模型空间中设置一个想象的矩形绘图区域,用来控制栅格显示的界限,称为图限,以便精确绘制图形,常用的图限是指图幅的大小,它相当于手工绘图时确定图纸的大小。设置绘图图限的命令为“LIMITS”。绘图界限是代表绘图极限范围的两个二维点的 WCS 坐标,这两个二维点分别是绘图范围的左下角和右上角,它们确定的矩形就是当前定义的绘图范围,在 Z 方向上没有绘图极限限制。

单击菜单“格式”|“图形界限”或在命令行输入“LIMITS”后回车,可设置图形界限。此时命令行中提示“指定左下角点或[开(ON)/关(OFF)]〈0.00,0.00〉:”,单击 Enter 键或键入栅格界限的左下角点坐标。命令行再提示“指定右上角点是〈420,297〉:”单击 Enter 键或键入栅格界限的右下角点坐标。当栅格打开时,在图形界限的范围内显示栅格。

6. 栅格捕捉、栅格显示

在状态栏中同时按下“捕捉模式”按钮 和“栅格显示”按钮 ,屏幕将出现按指定行间距和列间距排列的栅格点。这些栅格点对光标有吸附作用,即能够捕捉光标,使光标在绘图窗口按指定的步距移动,并且光标只能落在由这些点确定的位置上,此时光标只能按指定的步距移动。用户可根据需要设置是否启用栅格捕捉和栅格显示功能,还可以设置对应的间距。

利用“草图设置”对话框中的“捕捉和栅格”选项卡可进行栅格捕捉与栅格显示方面的设置。选择“工具”|“草图设置”命令,AutoCAD 弹出“草图设置”对话框,对话框中的“捕捉和栅格”选项卡如图 2-11 所示。也可以将光标移到状态栏的位置上,单击

鼠标右键，在弹出的快捷菜单中，单击“设置”，同样弹出“草图设置”对话框。

当栅格的“X 轴间距和 Y 轴间距相等”被选中时，就显示正方栅格，否则就是矩形栅格，且栅格仅在图限区域内。

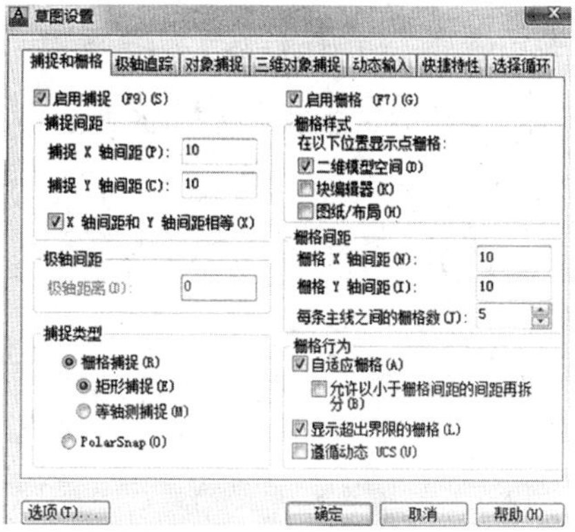

图 2-11　“草图设置”对话框

7. 极轴追踪

极轴追踪是指将光标沿极轴角度按指定增量进行移动。移动光标时，如果接近预先设定的方向（即极轴追踪方向），会自动将橡皮筋线吸附到该方向，同时沿该方向显示出极轴追踪矢量，并浮出一小标签，说明当前光标位置相对于前一点的极坐标。

在“草图设置”对话框中，单击“极轴追踪”选项卡，弹出如图 2-12 所示“极轴追踪”对话框，选中“启用极轴追踪”，在“极轴角设置”选项中设置极轴角的增量角，如 30；还可以在“附加角”中单击“新建”按钮，增加一个极角，如 22。当光标处于增量角及其倍数和附加角附近时，系统会提示光标当前位置。例如单击绘制直线按钮 ⁄，单击鼠标右键在屏幕上任意拾取一点后，移动鼠标，当光标位于 30°或其倍数或附加角 22°附近时，系统会提示光标的当前位置，如图 2-13 所示。系统已预设四个极轴，即与 X 轴的夹角分别为 0°、90°、180°、270°。

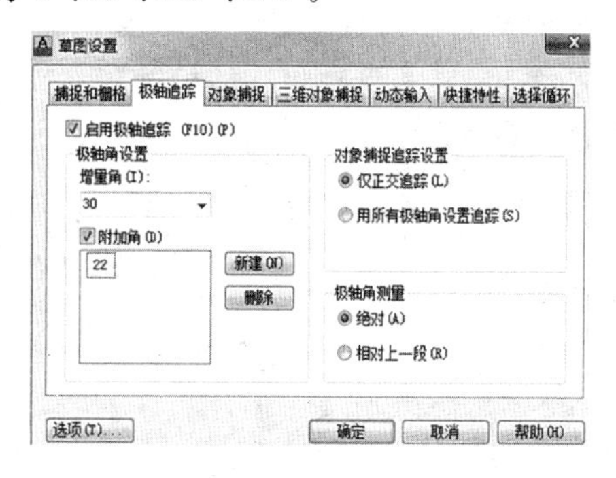

图 2-12　设置“极轴跟踪”参数对话框

8. 正交模式

绘制频率最高的图形是水平直线和垂直直线。若用鼠标拾取线段的端点时很难

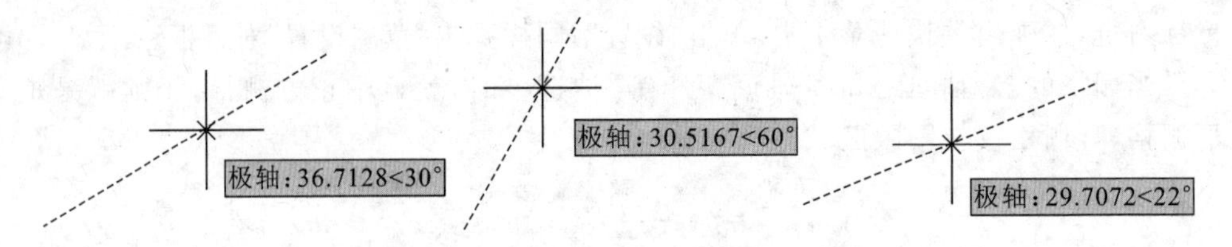

图 2-13　系统会提示光标的当前位置

保证两个点严格沿水平或垂直方向,因此,AutoCAD提供了"正交"功能,一旦启用正交模式,画线或移动对象时只能沿水平方向或垂直方向移动光标,因此只能画平行于坐标轴的正交线段。

在状态栏按下打开正交按钮,用户只能画水平或垂直线。也可使用"ORTHO"命令或F8键打开或关闭正交模式。正交和极轴追踪模式是互锁的,每次只能有一个起作用。

9. 对象捕捉

通常,无论用户怎样调整捕捉间距,圆、圆弧等图形对象上的点均不会直接落在捕捉上。因此绘图时,就需要利用已知图形中的一些特殊点,如端点、中点、圆心、圆上的象限点、切点、交点、垂足等。AutoCAD的"对象捕捉"就是用于识别这些特殊点的工具,通过该工具可轻松地使创建的对象被精确地画出来,其结果比传统手工绘图更精确。利用该功能可以迅速、准确地捕捉到某些特殊点,从而迅速、准确地绘制出图形。

将光标移到状态栏位置,单击鼠标右键,在弹出的快捷菜单中,单击"设置",弹出"草图设置"对话框。单击"对象捕捉"选项卡,系统弹出如图2-14所示的对话框。在"对象捕捉"选项卡里选取需要捕捉的类型。

在状态栏中按下"对象捕捉"按钮,这样在绘图时,当光标移动到已设置的特殊点附近时,系统将显示出捕捉到相应点的小标签,此时单击拾取键,AutoCAD就会以该捕捉点为相应点。例如单击绘制直线的命令后,当光标在图元的附近时,系统会提示当前已捕捉到的圆心、象限点、交点、中点、垂足或切点等,如图2-15所示。

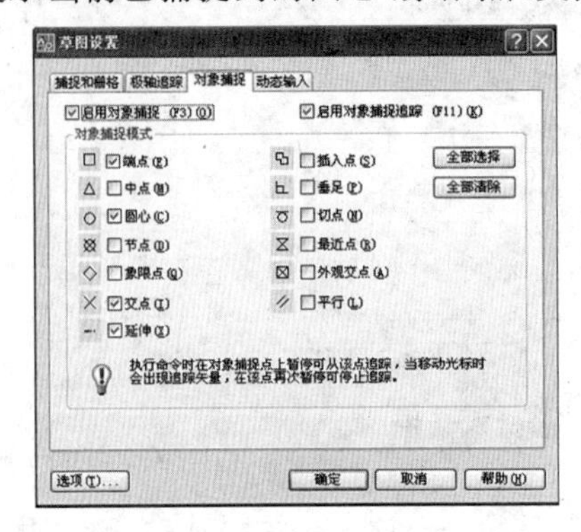

图 2-14　"对象捕捉"设置的对话框

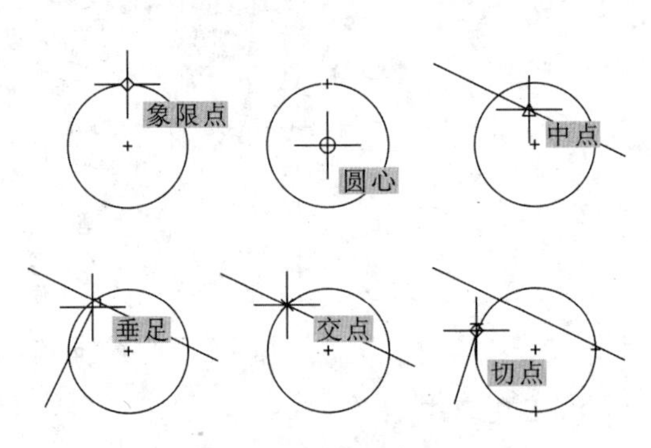

图 2-15　捕捉示例

注意：此处描述的多数对象捕捉只影响屏幕上可见的对象，包括锁定图层上的对象、布局视口边界和多段线。不能捕捉不可见的对象，如未显示的对象、关闭或冻结图层上的对象或虚线的空白部分。只有当提示需要输入点时，对象捕捉才生效。

可以通过命令、工具栏和快捷菜单执行对象捕捉功能。图 2-16 所示为“对象捕捉”工具栏，单击其中一个按钮，则系统专门捕捉该类型的对象。

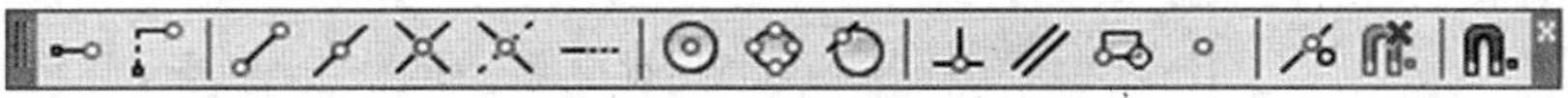

图 2-16　“对象捕捉”工具栏

对象捕捉的模式及其功能，与工具栏图标及快捷菜单命令相对应，表 2-2 将对捕捉模式进行介绍。

表 2-2　捕捉模式介绍

对象捕捉类型	标记	可以在执行对象捕捉时打开的对象捕捉
端点(E)	□	圆弧、椭圆弧、直线、多行、多段线、样条曲线、面域或射线最近的端点，或捕捉宽线、实体或三维面域的最近角点
中点(M)	△	圆弧、椭圆、椭圆弧、直线、多行、多段线、面域、实体、样条曲线或参照线的中点
中心(C)	○	圆弧、圆、椭圆或椭圆弧的中心
节点(D)	⊗	点对象、标注定义点或标注文字原点
象限点(Q)	◇	圆弧、圆、椭圆或椭圆弧的象限点
交点(I)	×	圆弧、圆、椭圆、椭圆弧、直线、多行、多段线、射线、面域、样条曲线或参照线的交点。“延伸交点”不能用作执行对象捕捉模式。 注意：如果同时打开“交点”和“外观交点”执行对象捕捉，可能会得到不同的结果；“交点”和“延伸交点”不能和三维实体的边或角点一起使用
延伸(X)		当光标经过对象的端点时，显示临时延长线或圆弧，以便用户在延长线或圆弧上指定点。 注意：在透视视图中进行操作时，不能沿圆弧或椭圆弧的延伸线进行追踪
插入点(S)		属性、块、形或文字的插入点

续表

对象捕捉类型	标记	可以在执行对象捕捉时打开的对象捕捉
垂足(P)		圆弧、圆、椭圆、椭圆弧、直线、多线、多段线、射线、面域、实体、样条曲线或构造线的垂足 当正在绘制的对象需要捕捉多个垂足时，将自动打开“递延垂足”捕捉模式。可以用直线、圆弧、圆、多段线、射线、参照线、多行或三维实体的边作为绘制垂直线的基础对象。可以用“递延垂足”在这些对象之间绘制垂直线。当靶框经过“递延垂足”捕捉点时，将显示AutoSnap工具提示和标记
切点(N)		圆弧、圆、椭圆、椭圆弧或样条曲线的切点。当正在绘制的对象需要捕捉多个垂足时，将自动打开“递延垂足”捕捉模式。可以使用“递延切点”来绘制与圆弧、多段圆弧或圆相切的直线或构造线。当靶框经过“递延切点”捕捉点时，将显示标记和 AutoSnap 工具提示。 注意：当用“自”选项结合“切点”捕捉模式来绘制除开始于圆弧或圆的直线以外的对象时，第一个绘制的点是与在绘图区域最后选定的点相关的圆弧或圆的切点
最近点(R)		圆弧、圆、椭圆、椭圆弧、直线、多行、点、多段线、射线、样条曲线或参照线的最近点
外观交点(A)		捕捉不在同一平面但在当前视图中看起来可能相交的两个对象的视觉交点。 “延伸外观交点”不能用于执行对象捕捉模式。“外观交点”和“延伸外观交点”不能和三维实体的边或角点一起使用。 注意：如果同时打开“交点”和“外观交点”执行对象捕捉，可能会得到不同的结果
平行(L)	//	将直线段、多段线线段、射线或构造线限制为与其他线性对象平行。指定线性对象的第一点后，请指定平行对象捕捉。与在其他对象捕捉模式中不同，用户可以先将光标和悬停移至其他线性对象，直到获得角度；然后，将光标移回正在创建的对象。如果对象的路径与上一个线性对象平行，则会显示对齐路径，用户可将其用于创建平行对象。 注意：使用平行对象捕捉之前，请关闭 ORTHO 模式；在平行对象捕捉操作期间，会自动关闭对象捕捉追踪和 PolarSnap；使用平行对象捕捉之前，必须指定线性对象的第一点

10. 对象捕捉追踪

极轴追踪是按事先给定的角度增量来追踪特征点；而对象捕捉追踪则按与对象的某种特定关系来追踪，这种特定的关系确定了一个事先并不知道的角度。也就是说，如果事先知道要追踪的方向（角度），则使用极轴追踪；如果用户事先不知道具体的追踪方向（角度），但知道与其他对象的某种关系（如相交、垂直、X 坐标值等），则可用对象捕捉追踪。

在状态栏中同时按下“对象捕捉”和“极轴”或“正交”按钮的同时，再按下“对象追踪”按钮，屏幕上会出现“对齐路径”的水平或垂直的追踪线，它有助于用精确的位置和角度创建对象。

对象追踪包括两种追踪选项：极轴追踪和对象捕捉追踪，它们可以同时使用。用户可以通过状态栏上的“极轴”与“对象追踪”按钮来选择。

对象捕捉追踪是对象捕捉与极轴追踪的综合应用。因此在追踪对象捕捉到点之前，必须先打开对象捕捉功能。

例 2-1　若需要捕捉一个这样的特殊点，使其 X 坐标是直线中点的 X 坐标、Y 坐标为圆心的 Y 坐标。

操作步骤如下。

（1）将光标移动到状态栏的捕捉按钮处，单击右键，在弹出的菜单中选取“设置”，弹出“草图设置”对话框，在“对象捕捉”选项卡中选中“全部选择”按钮，单击“确定”按钮。

（2）单击“绘图工具栏”中绘制直线的按钮，发布绘制直线指令，用鼠标左键在绘图区域任意拾取两点，即可绘制直线。单击右键，在其下拉菜单中选择“确定”，完成了直线的绘制。

（3）发布绘制直线命令，移动鼠标，当光标移至直线的中点或端点处，此时屏幕会显示捕捉到了中点，如图 2-17(a)(b)所示。

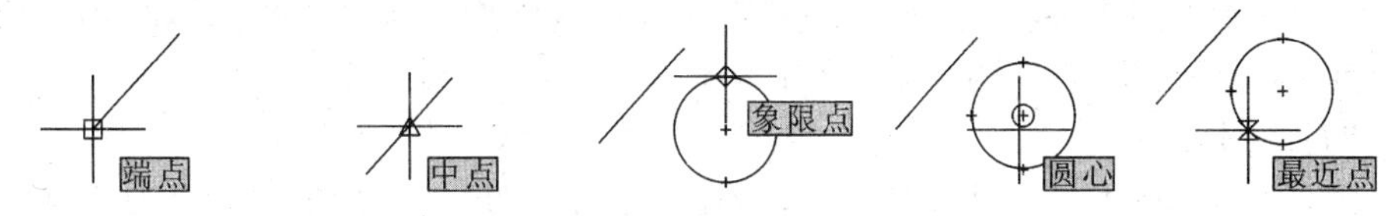

(a) 捕捉到直线的端点　(b) 捕捉直线的中点　(c) 捕捉圆的象限点　(d) 捕捉圆的圆心　(e) 捕捉圆上的点

图 2-17　对象追踪的实例

（4）单击“绘图工具栏”中的绘制圆的按钮，在绘图区域用鼠标左键拾取圆的圆心和圆上的一点，绘制一圆。

（5）发布任意一绘图命令，移动鼠标光标，当光标移至圆上、圆心或圆的象限点处，屏幕就会显示捕捉到了圆上的点、圆心、最近点等，如图 2-17(c)(d)(e)所示。其中最近点就是线上的点。

（6）发布绘制直线指令后，将光标移到直线的中点处，系统显示捕捉到了直线的中点，如图 2-18(a)所示。再将光标移到圆心处，显示捕捉到了圆心如图 2-18(b)所示。

（7）再将光标移到到如图 2-18(c)和(d)所示的位置，屏幕会出现两条自动追踪的虚线，说明光标所在的位置利用了直线的中点和圆的圆心的 X 和 Y 坐标，即是所需的特殊点。

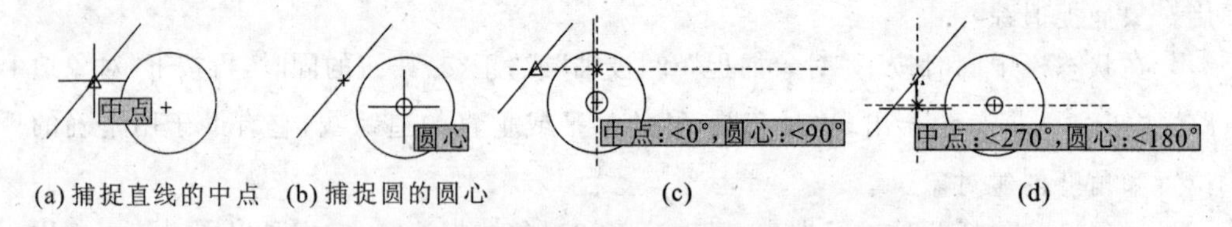

(a) 捕捉直线的中点　(b) 捕捉圆的圆心　(c)　(d)

图 2-18　对象捕捉追踪的实例(一)

例 2-2　利用直线的中点、圆的圆心，捕捉如图 2-19(a)所示的特殊点。

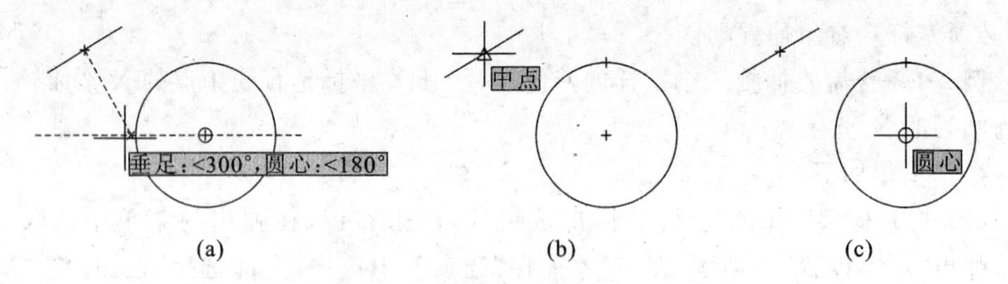

(a)　(b)　(c)

图 2-19　对象捕捉追踪的实例(二)

操作步骤如下。

(1) 如同例 2-1 的前四个操作步骤。

(2) 再发布任一个绘制命令(如直线命令)，移动鼠标，当光标移至直线的中点处，此时屏幕会显示捕捉到了中点，如图 2-19(b)所示。

(3) 移动鼠标至圆心处，屏幕会显示捕捉到了圆心，如图 2-19(c)所示。

(4) 平行向左移动鼠标，就可以追踪到过直线的中点与直线垂直且与圆心的 Y 坐标值平齐的特殊点，如图 2-19(a)所示。

11. 点过滤器

AutoCAD 提供了一种称为点过滤器的功能。利用点过滤器可以从两个或多个点中抽出一部分信息，以便建立一个新点。如欲定位一点，它的 X 坐标为一已知点的 X 坐标，Y 坐标为另一已知点的 Y 坐标，此时就可以用点过滤器。

点过滤器的使用方法是在使用过滤的坐标名(X，Y，Z 或其组合)前加点“.”。

操作步骤如下。

(1) 发布一绘图直线指令。

(2) 在命令行输入“. X”后，用光标拾取一点，则此点的 X 坐标为新点的 X 坐标。

(3) 如此时还没有形成一个完整的点，系统会出现一个提示(如“需要 Y”等)，再用鼠标拾取另一个点，则此点的 Y 坐标为新点的 Y 坐标。

12. 动态输入

状态栏中的 为动态输入按钮。当动态输入启用时，在光标附近将会出现工具栏提示的一个命令界面,该信息会随着光标移动而动态更新。当某条命令为活动时,工具栏提示附近的方框为光标所在位置,也是提供输入数值的位置,如图 2-20 所示。这样输入数字不必在命令窗口的文本框中输入,注意力可一直保持在光标附近。

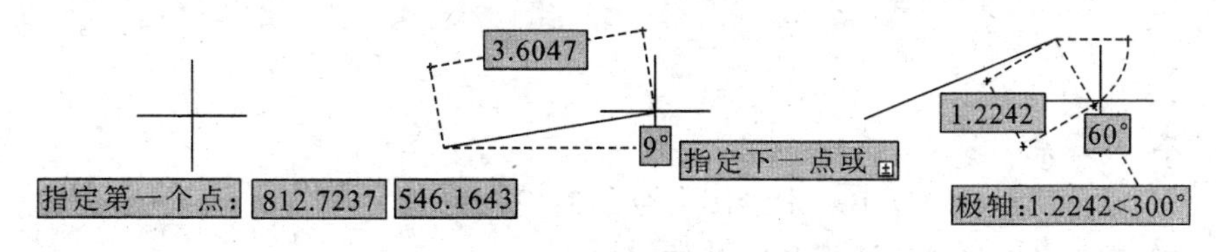

图 2-20 动态输入

动态输入是不能完全取代命令窗口的。虽然可以隐藏命令窗口以增加绘图屏幕区域,但是在有些操作中还是需要显示命令窗口。按 F2 键可根据需要隐藏和显示命令提示和错误消息。另外,也可以浮动命令窗口,并使用“自动隐藏”功能来展开或卷起该窗口。

注意,透视图是不支持动态输入的。

13. 临时约束

临时约束是一种灵活的一次性捕捉模式。它不是自动的,当需要临时捕捉某种特征点时,可以在捕捉前同时按住 Shift 键和鼠标右键,系统将弹出“临时捕捉”菜单,再选取其中一种特征点,系统就会将特征点设置为临时捕捉特征点,捕捉完后,该设置会自动失效。

思 考 题

2-1 图层有哪几个属性?

2-2 图层中的线型如何设置?

2-3 图层可以进行哪些操作?各种操作的特点是什么?

2-4 在绘制图形之前,一般怎样规划图层?

2-5 常用的精确定点方法有哪些?

2-6 绘制图形时,常用的坐标系有哪几种?点的坐标输入的格式分别是什么?

2-7 利用对象捕捉功能,可以捕捉到直线和圆弧上哪些特殊点?

2-8 在绘制图形时如何使用对象追踪功能?

2-9 如何利用点过滤功能提取特殊点的坐标值?

第3章　AutoCAD二维图形绘制

本章重点

(1) 掌握AutoCAD中基本绘图命令的使用；

(2) 掌握AutoCAD捕捉和跟踪的运用；

(3) 掌握一些简单的绘图技巧；

(4) 绘图要求图形清晰准确。

AutoCAD具有很强的二维绘图功能。利用“绘图”工具栏或“绘图”菜单、绘图命令，可绘制各类二维图形。

“绘图”菜单和工具栏包含绘制图形最基本、最常用的方法。用户可以绘制各种线条，如直线、包括或不包括弧线的多段线、多重平行线等，分别如图3-1和图3-2所示。

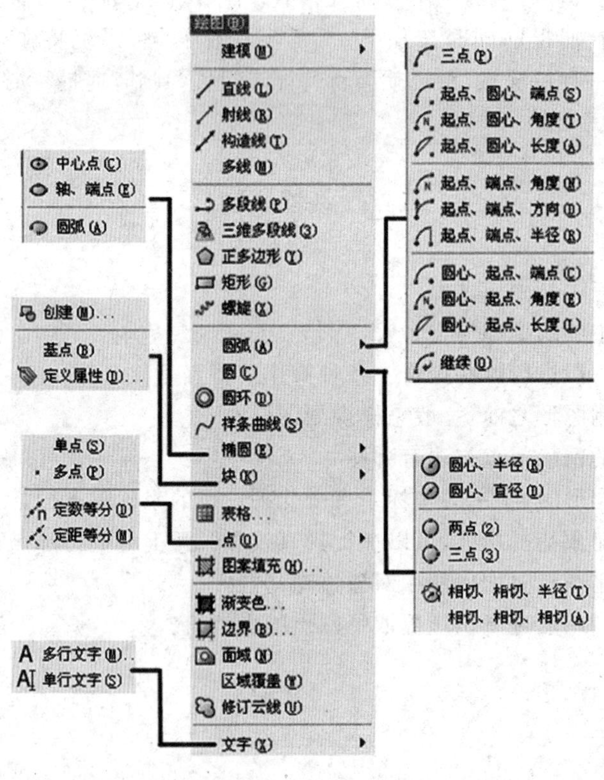

图3-1　“绘图”菜单

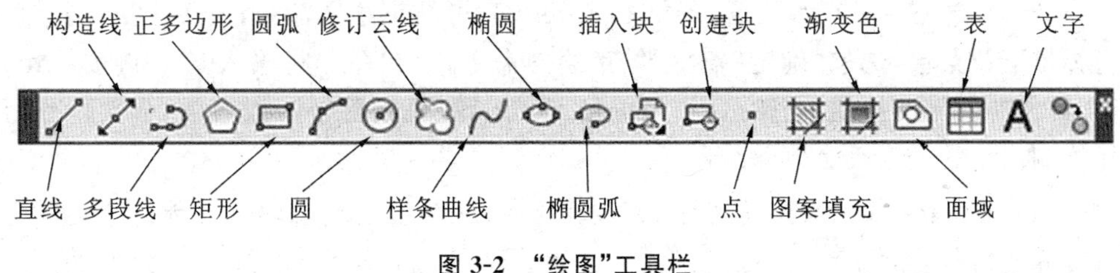

图 3-2　“绘图”工具栏

在绘制图形时，应经常看看命令栏中的提示，它将提示正确使用绘图命令的操作步骤。

3.1　绘制直线

直线是最常见、最简单的图形对象，绘制直线包括创建直线段、射线和构造线，它需要确定直线的起点和终点。下面分别介绍多种绘制直线的方法，包括指定直线的特性，即颜色、线型和线宽等。

1. 绘制直线

选择“绘图”|“直线 L”或命令“Line”或按钮，可绘制一系列连续的直线段，即每条线段都是可以单独进行编辑的直线对象。

其操作步骤如下。

(1) 单击按钮，在命令窗口将显示：

LINE 指定第一个点：

此时可在绘图区域依次指定直线段的端点，即可绘制直线。

(2) 若单击按钮后单击 Enter 按钮，则以最近绘制的图元的端点延长为直线的起点。如图 3-3(a)所示，先绘制了一段直线段，再次发布绘制直线命令后，单击 Enter 键，则以前段直线的终点作为这段直线的起点；如图 3-3(b)所示，先绘制了一段圆弧，再次发布绘制直线命令后，单击 Enter 键，则以前段圆弧终点作为这段直线的起点。

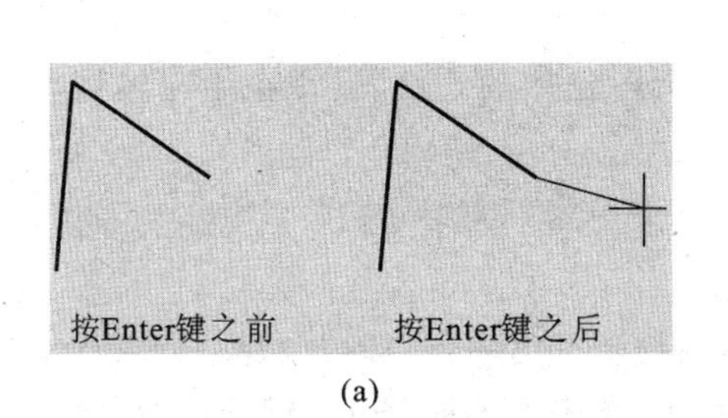

(a)

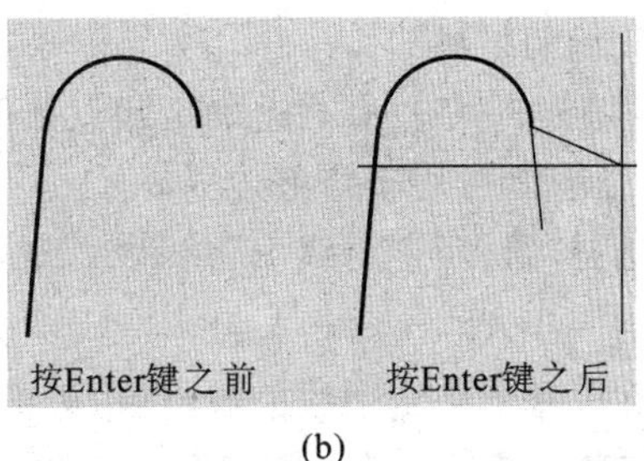

(b)

图 3-3　确定直线的起点

（3）绘制完一段直线段后，若单击 Enter 键，可结束绘图命令；若单击鼠标右键，可弹出下拉菜单，选取“确定”，也可结束绘图命令；若在命令行输入“C”，再按 Enter 键，可绘制封闭的折线；若输入“U”，再按 Enter 键，可删除上一段直线，多次操作可按绘制次序的逆序逐个删除线段。

（4）按下状态栏上的“动态输入”按钮，就会启动动态输入功能。启动动态输入并执行“Line”命令后，AutoCAD 一方面在命令窗口提示“指定第一点：”，同时在光标附近显示一个提示框（称之为“工具栏提示”），工具栏提示中显示出对应的 AutoCAD 提示“指定第一个点：”和光标的当前坐标值。当移动光标，工具栏提示也会随着光标移动，且显示出的坐标值会动态变化，以反映光标的当前坐标值，如图 3-4 所示。确定直线的第一个点后，移动光标，在光标附近的提示框中会显示光标相对于前一点的位置，如图 3-5 所示。

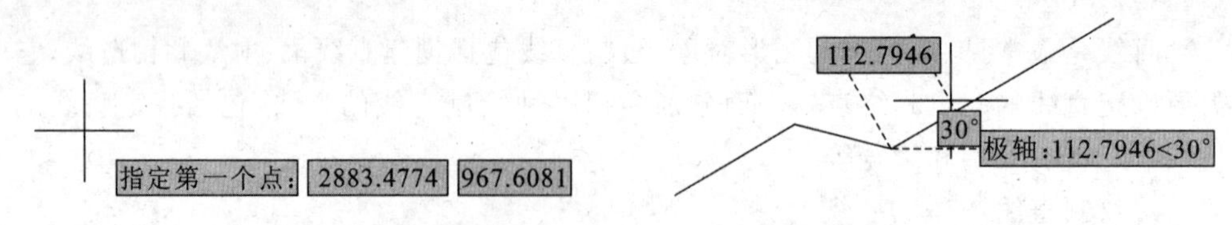

图 3-4　启用动态输入的光标　　图 3-5　显示光标相对于前一点的位置

（5）按下状态栏上的“显示或隐藏线宽”按钮，可以在屏幕上显示线段的线宽，否则图线的宽度都为细线，不显示其宽度，如图 3-6 所示。

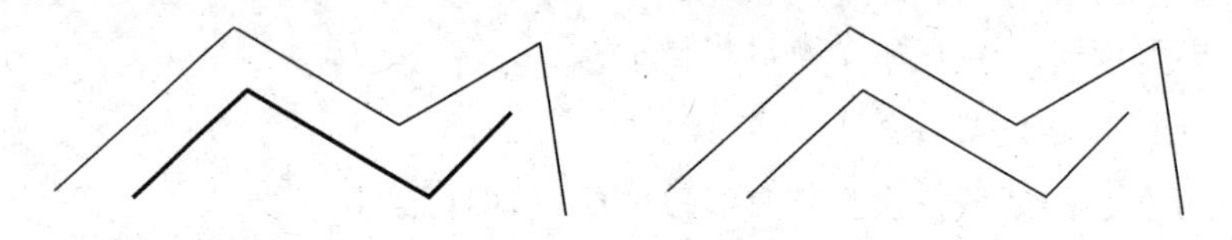

图 3-6　显示或隐藏线宽

（6）在执行绘制直线命令时，单击菜单栏中的“格式”|“颜色”或“线型”或“线宽”，可以改变直线的颜色、线型或线宽。由此可见，图元的颜色、线宽或线型可以是随层（Bylayer），也可以重新设置为不一样的，即一个图层中的图元的线型、颜色、线型可以不一样。

2. 绘制射线

射线是一条具有一个确定起点并单向无限延伸的直线，通常在绘图过程中作为辅助线使用，可用于修剪边界。

选择“绘图”|“射线 R”或命令“Ray”，在命令窗口将显示：

RAY 指定起点：

在屏幕上指定射线的起点后，再指定射线上的另一点，即可创建一条射线。该线若连续指定多点，则生成用共同起点的射线。单击右键或 Enter 键结束命令。

3. 绘制构造线

构造线是没有起点和终点的双向无限延伸的直线，通常在绘图过程中作为辅助线使用，也可用于修剪边界。

操作步骤如下。

选择“绘图”|“构造线 X”或命令“XLINE”或按钮，在命令窗口显示：

XLINE 指定点或[水平(H) 垂直(V) 角度(A) 二等分(B) 偏移(D)]：

(1) 若在屏幕上指定两点，则通过这两点定义了构造线的位置。若连续指定多点，则生成过第一个点的多条构造线。

(2) 若单击命令窗口中的按钮水平(H)，再在屏幕上指定一点，则通过该点生成了一条平行于 X 轴的水平构造线。

(3) 若单击命令窗口中的按钮垂直(V)，再在屏幕上指定一点，则通过该点生成了一条平行于 Y 轴的垂直构造线。

(4) 若单击命令窗口中的按钮角度(A)，将使用指定角度创建通过指定点的构造线。此时命令窗口显示：

XLINE 输入构造线的角度(0)或[参照(R)]：

此时既可以直接输入构造线的角度，也可以再单击命令窗口中的按钮参照(R)，并在屏幕上指定两点作为构造线的方向。最后在屏幕上指定构造线通过的点，即可生成特定角度的构造线。

(5) 若单击命令窗口中的按钮二等分(B)，依次指定顶点 A、B、C，则创建一条过第一个顶点 A 且平分∠BAC 的构造线，该构造线位于由三个点确定的平面中，如图 3-7 所示。

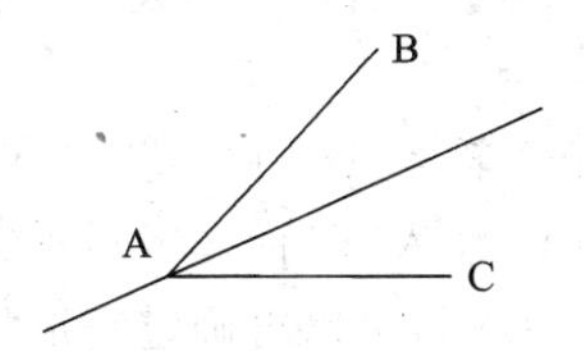

图 3-7 创建一条过第一个顶点 A 且平分∠BAC 的构造线

(6) 若单击命令窗口中的按钮偏移(D)，可以创建平行于另一个对象的参照线。此时在命令窗口显示：

XLINE 指定偏移距离或[通过(T)]〈1.000〉：

在命令行可以直接输入偏移距离，再选择作为参考的直线对象(如直线、多段线、射线或构造线等)，并用鼠标左键在参考直线一侧拾取一点作为偏移方向，则在指定方向和距离创建与参考线平行的构造线。

也可以单击命令窗口中的按钮通过(T)，再在屏幕上拾取作为参考的直线，并指定构造线通过的点，则在指定位置和方向创建一条构造线。

按 Enter 键或单击右键结束命令。

在绘制图形时最好是将射线、构造线放在同一图层上，若不需要显示时，可将该图层冻结。

3.2 绘制矩形和正多边形

1. 绘制矩形

在 AutoCAD 系统中，可以按指定的矩形参数创建具有一定长度、宽度、方向，以及四个角是否为圆角、倒角或直角的矩形，如图 3-8 所示。

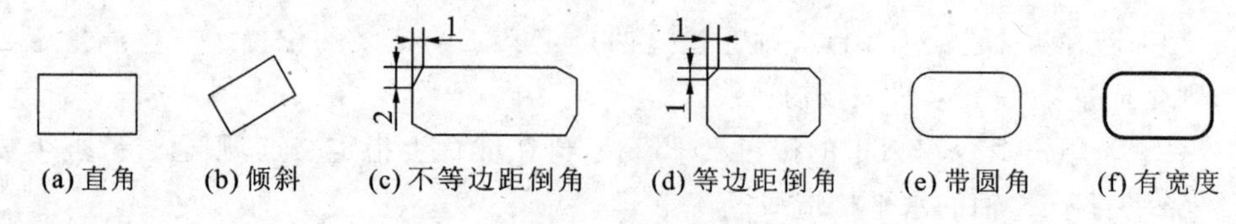

图 3-8 绘制矩形

选择“绘图”|“矩形”或命令“rec”或单击按钮，命令窗口显示：

RECTANG 指定第一个角点或[倒角(C) 标高(E) 圆角(P) 厚度(T) 宽度(W)

确定矩形的一个顶点后，系统又提示如下：

RECTANG 指定另一个角点或[面积(A) 尺寸(D) 旋转(R)]：

这时可以用下列四种方法绘制矩形。

(1) 用鼠标点击矩形的另一个角位置(或输入右下角点坐标值，回车)。

(2) 输入“A”回车或单击面积(A)，再输入矩形面积，再指定长度或宽度的数值，回车。

(3) 输入“D”回车或单击尺寸(D)，则分别按提示输入矩形的长度和宽度及方位。

(4) 输入“R”回车或单击旋转(R)，再指定一个点作为矩形的方向或直接输入的矩形斜度后，可以再确定矩形的另一个角位置绘制矩形。

生成四角具有一定倒角的矩形的操作步骤是：

单击按钮后，输入“C”回车或在状态栏中单击按钮倒角(C)，再按提示分别输入第一倒角距离和第二倒角距离，最后输入矩形的两个对角点即可，如图 3-8(c)、(d)所示。

生成四角为圆角的矩形的操作步骤是：

单击按钮后，输入“P”回车或在状态栏中单击按钮圆角(P)，再按提示输入圆角的半径，最后输入矩形的两个对角点即可，如图 3-8(e)所示。

生成具有宽度的矩形的操作步骤是：

单击按钮后，输入“W”回车或在状态栏中单击按钮宽度(W)，再按提示输入线的宽度，最后输入矩形的两个对角点即可，如图 3-8(f)所示。

2. 绘制正多边形

选择“绘图”|“正多边形”或命令“pol”或“polygon”或按钮，输入多边形的边

数，就可以绘制正多边形。绘制正多边形有如下三种方式，如图 3-9 所示。

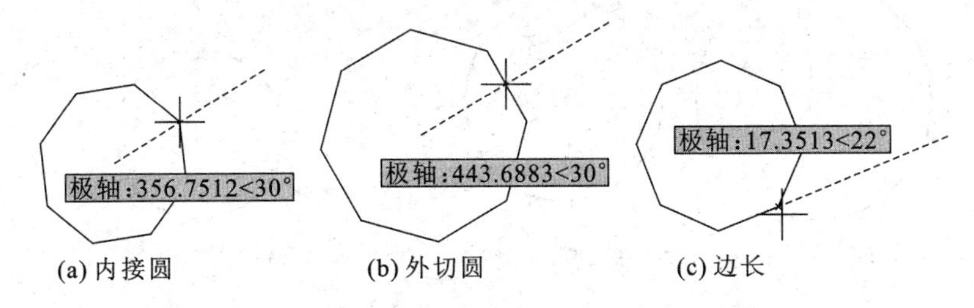

图 3-9 绘制正多边形的方法

1）指定正多边形的中心和半径

单击绘制多边形按钮，输入多边形的边数后回车，这时系统提示如下：

POLYGON 指定正多边形的中心点或[边(e)]：

确定正多边形的中心后，提示：

POLYGON 输入选项[内接于圆(I) 外切于圆(C)]

单击按钮 内接于圆(I) 后再输入正多边形一个顶点的位置，或单击按钮 外切于圆(C) 后再输入正多边形内切圆的半径即可。正多边形的方向与拾取半径的方位有关。

2）指定正多边形的一条边

单击绘制多边形按钮，输入多边形的边数后回车，这时系统提示如下：

POLYGON 指定正多边形的中心点或[边(e)]：

单击按钮[边(e)]，再依次指定边长的第一个端点和第二个端点位置(或键入其相对坐标值后回车)即可。

POLYGON 命令绘制正多边形的边数为 3～1024 之间，此正多边形为多段线，不能用"圆心"捕捉方式来捕捉一个已存在的多边形的中心。

3.3 绘制规则曲线

常见的规则曲线包括圆、圆弧、椭圆和椭圆弧。

1. 绘制圆

圆有以下几种绘制方法：指定圆心和半径、指定圆心和直径、基于圆周上的三点绘制圆、指定直径上的两个端点(2P)、指定半径以及与两个指定对象相切(TTR)和与三个指定对象都相切(TTT)，如图 3-10 所示，其中默认的是指定圆心和半径画圆。

选择"绘图"|"圆"的子命令或命令"Circle"或按钮，系统提示：

CIRCLE 指定圆的圆心或[三点(3P) 两点(2P) 切点、切点、半径(T)]：

1）指定圆心法

用鼠标或输入圆心坐标的方法确定圆心的位置后，系统提示：

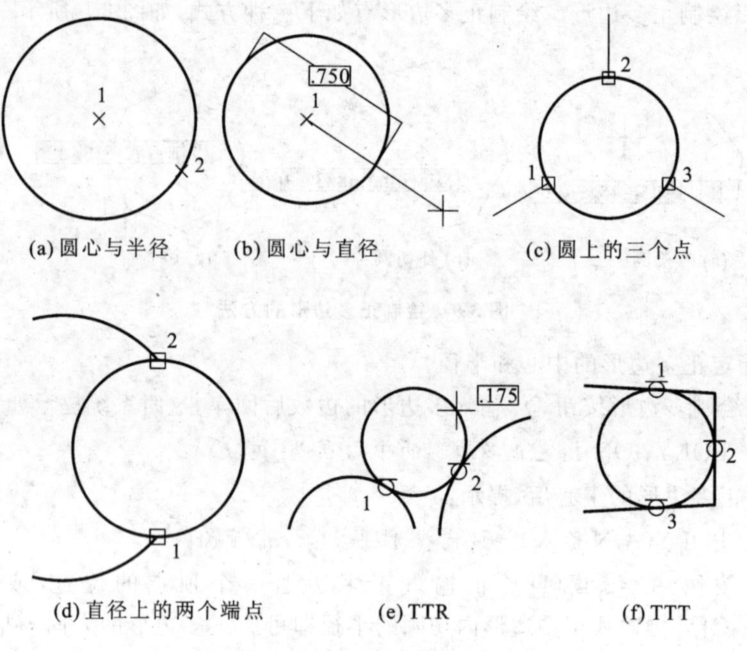

(a) 圆心与半径　(b) 圆心与直径　(c) 圆上的三个点

(d) 直径上的两个端点　(e) TTR　(f) TTT

图 3-10　绘制圆的方法

CIRCLE 指定圆的半径或[直径(D)]〈134.0831〉:

此时可以用鼠标确定圆上一点或直接输入圆的半径，回车后，即可绘制一个圆；也可以单击按钮直径(D)，再输入圆的直径，即完成圆的绘制。

2）基于圆周上的三点绘制圆

单击状态栏按钮三点(3P)，依次确定圆上的三个点的位置，则可绘制通过三点的圆。

3）基于圆直径上的两个端点绘制圆

单击状态栏按钮两点(2P)，依次确定圆上的两个点的位置，则可绘制以此两点为直径的圆。

4）相切、相切、半径法

单击状态栏按钮切点、切点、半径(TTR)，用鼠标分别选择要相切的两个图元(如圆弧或直线等)，再输入圆的半径值回车，则可以绘制一个与已知的两图元相切的圆。

5）相切、相切、相切法

在菜单“绘图”|“圆”的选项中选择“相切、相切、相切”，然后用鼠标分别选取三个切点所在的对象(如直线、圆或圆弧等)，即可绘制与三个图元都相切的圆。

2. 绘制圆弧

可以通过指定的圆心、端点、起点、半径、角度、弦长和方向值等方式绘制圆弧，系统提供了十多种绘制圆弧的方法。

选择“绘图”|“圆弧”的子命令或命令“Arc”或按钮，系统提示：

ARC 指定圆弧的起点或[圆心(C)]：

1）指定圆弧上的三个点

依次指定圆弧上的起点、圆弧上的点和圆弧的终点，则通过指定的三个点顺时针或逆时针指定圆弧，如图 3-11(a)所示。若在指定起点(第一个点)之前就按 Enter 键，那么最后绘制的直线或圆弧的端点将会作为圆弧的起点，并立即提示指定新圆弧的端点。这将创建一条与最后绘制的直线、圆弧或多段线相切的圆弧。如图 3-11(b)所示，先画了一段折线，再画圆弧时，先按回车键，则圆弧的第一个点为折线的终点，绘制出的圆弧与折线相切，如图 3-11(c)所示。

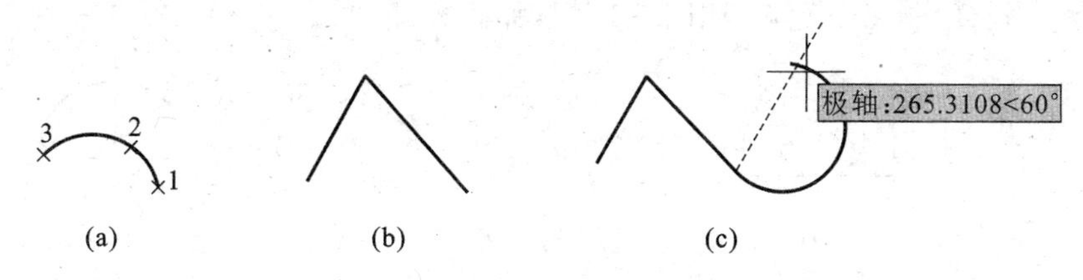

图 3-11　指定圆弧上的三个点

2）指定圆弧的圆心、起点、终点或角度或弦长

单击状态栏中的按钮圆心(C)，依次输入圆弧的圆心、起点，系统将提示：

ARC 指定圆弧的端点或[角度(A)　弦长(L)]：

此时可以直接输入圆弧终点，则从起点向终点逆时针绘制圆弧。终点将落在从第三个输入的点到圆心的一条假想射线上，如图 3-12(a)所示。

也可以单击按钮角度(A)，再输入圆弧的指定包含角，则从起点按指定包含角逆时针绘制圆弧。如果角度为负，将顺时针绘制圆弧，如图 3-12(b)所示。

还可以单击按钮弦长(L)，再输入弦长，则基于起点和终点之间的直线距离绘制劣弧或优弧。如果弦长为正值，将从起点逆时针绘制劣弧。如果弦长为负值，将逆时针绘制优弧，如图 3-12(c)所示。

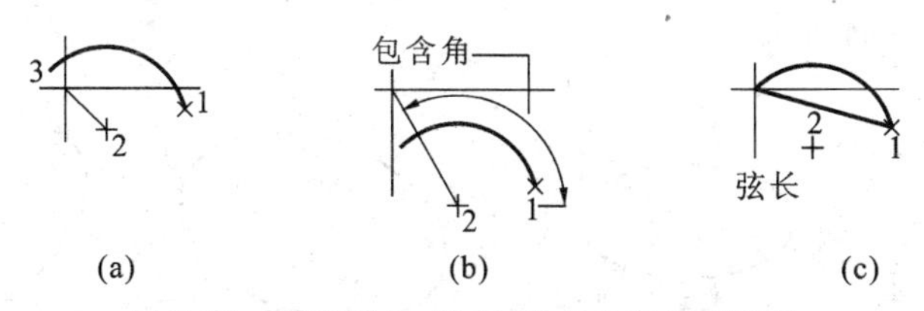

图 3-12　指定圆心、起点、终点或角度或弦长

3）指定圆弧起点与第 2 点，以及圆心(或角度或方向或半径)

单击绘制圆弧按钮，输入圆弧的起点后，系统提示：

ARC 指定圆弧的第二个点或[圆心(C)　端点(E)]：

单击按钮端点(E)，输入圆弧的端点后，系统提示：

ARC 指定圆弧的圆心或[角度(A)　方向(D)　半径(R)]：

若直接输入圆弧的圆心,则从起点向端点逆时针绘制圆弧。端点将落在从圆心到端点(圆弧的终点)的一条假想射线上,如图 3-13(a)所示。

若单击角度按钮 角度(A),再输入圆弧的指定包含角,就按从起点向端点逆时针绘制圆弧。如果角度为负,将顺时针绘制圆弧,如图 3-13(b)所示。

若单击按钮 方向(D),绘制圆弧在起点处与指定方向相切。这将绘制从起点开始到端点结束的任何圆弧,而不考虑是劣弧、优弧还是顺弧、逆弧。从起点确定该方向,如图 3-13(c)所示。

若单击按钮 半径(R),输入圆弧半径,则从起点向端点逆时针绘制一条劣弧。如果半径为负,将绘制一条优弧,如图 3-13(d)所示。

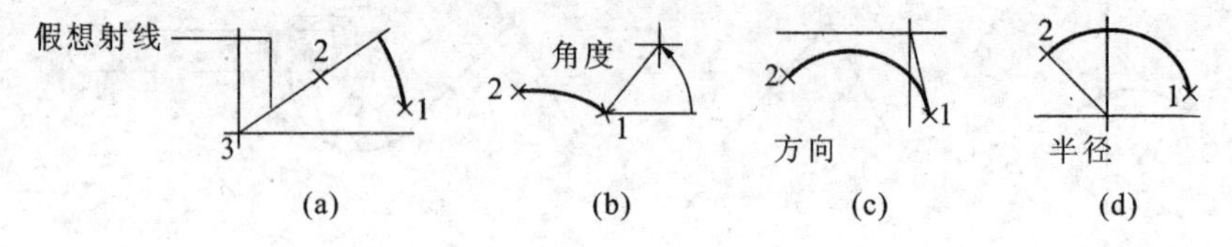

图 3-13 指定端点、中间点、圆心、包含角、方向与半径

3. 绘制椭圆及椭圆弧

通过确定椭圆的中心及长、短轴的长度绘制椭圆或椭圆弧。

选择"绘图"|"椭圆"的子命令或按钮 ,系统弹出:

ELLIPSE 指定椭圆的轴端点或[圆弧(A) 中心点(C)]:

1) 通过确定椭圆两轴的位置绘制椭圆

输入椭圆的一点作为椭圆的轴端点后,输入轴的另一端点,此两点确定了椭圆第一条轴的位置和椭圆轴的长度,系统会提示:

指定另一条半轴长度或[旋转(R)]:

在屏幕上拾取一点指定另一条半轴长度,它确定椭圆的圆心与第二条轴的端点之间的距离,即椭圆第二条轴的位置与半径。也可以直接输入轴半径的数值,作为轴的半径,如图 3-14(a)所示。

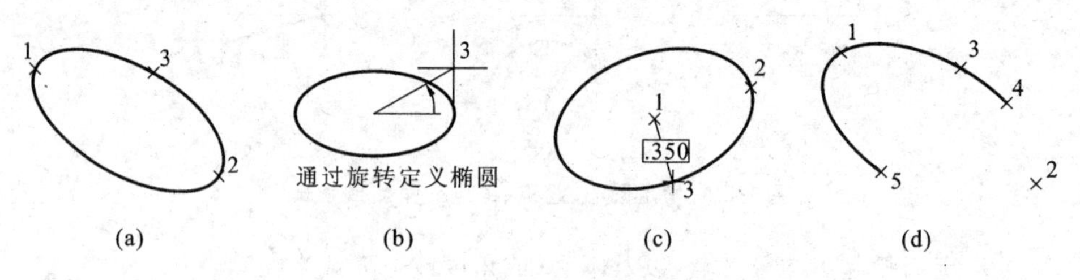

图 3-14 绘制椭圆及椭圆弧

若单击按钮 旋转(R),系统提示:

ELLIPSE 指定绕长轴旋转的角度:

再指定第三点或输入一个小于 90 的正角度值绕椭圆中心移动十字光标并单

击，则通过绕第一条轴旋转圆来创建椭圆。输入值越大，椭圆的离心率就越大。输入角度值为 0 时，则定义的是圆。89.4 °～ 90.6 °之间的值无效，因为此时椭圆将显示为一条直线。如图 3-14(b)所示。

2）确定椭圆中心和长、短轴的大小绘制椭圆

单击按钮中心点(C)，依次输入椭圆的中心的位置和椭圆长短轴的位置，即可绘制椭圆，如图 3-14(c)所示。

3）定义椭圆弧

若单击按钮圆弧(A)，可以创建一段椭圆弧。

单击按钮圆弧(A)，再依次输入相关的 5 个点，其中椭圆弧上的前两个点确定第一条轴的位置和长度。第三个点确定椭圆弧的圆心与第二条轴的端点之间的距离。第四和第五个点确定起始和终止角度，如图 3-14(d)所示。第一条轴的角度确定了椭圆弧的角度。第一条轴可以根据其大小定义长轴或短轴。

4）正等测轴测图中的圆

在命令行输入“snap”，系统提示：

SNAP 指定捕捉间距或[打开(ON) 关闭(OFF) 传统(L) 样式(S) 类型(T)]：

单击按钮样式(S)，选择“等轴测”类型以及捕捉栅格大小。再单击绘制椭圆按钮，系统提示：

ELLIPSE 指定椭圆轴的端点或[圆弧(A) 中心点(C) 等轴测圆(I)]：

再单击按钮等轴测圆(I)，则在当前等轴测绘图平面绘制一个等轴测圆。这种椭圆特点是椭圆长、短轴的方向已固定，但长、短轴的大小可以按需要确定。

5）绘制椭圆弧

单击按钮，依次输入相关的 5 个点，其中椭圆弧上的前两个点确定第一条轴的位置和长度，第三个点确定椭圆弧的圆心与第二条轴的端点之间的距离，第四和第五个点确定起始和终止角度。

3.4　绘制多段线

多段线是一种由直线段和圆弧相互组合而成相互连接的组合对象，每段线可具有不同线宽。这种线的特点是直线与圆弧的组合形式多样，线宽也可变化，如图3-15所示。它们既可以一起编辑，也可以分开来编辑。

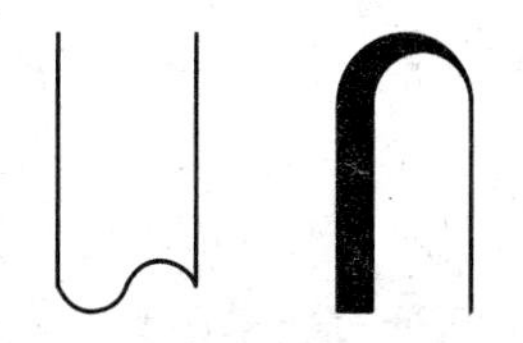

图 3-15　多段线线宽的特点

多段线提供单个直线或圆弧功所不具备的编辑功能，如调整多段线的宽度和曲率。它可以创建圆弧多段线；可以将样条曲线拟合多段线转换为真正的样条曲线；可以用闭合多段线创建多边形；可以创建宽多段线，可在其中设置单个线段的宽度，使它们从一种宽度逐渐过渡

到另一种宽度；从重叠对象的边界创建多段线等。

PLINEGEN 系统变量可控制二维多段线顶点周围线型图案的显示和顶点的平滑度。将 PLINEGEN 设置为 1 可在整条多段线的顶点周围生成连续图案的新多段线。将 PLINEGEN 设置为 0 可在各顶点处以点划线开始并以点划线结束绘制多段线。

注意，PLINEGEN 不适用于带变宽线段的多段线。

1. 绘制直线段的多段线

选择“绘图”|“多段线”命令（PLINE）或单击按钮，输入多段线的起点后，命令行显示提示信息：

PLINE 指定下一个点或[圆弧(A) 半宽(H) 长度(L) 放弃(U) 宽度(W)]

指定第一条多段线线段的端点后，可根据需要继续指定线段端点。按 Enter 键结束，或单击按钮闭合(CL)或输入“C”使多段线闭合，结束绘制多段线。也可以单击右键，在弹出的下拉菜单中选取“确定”结束绘制。

若要以上次绘制的多段线的端点为起点绘制新的多段线，请再次启动“PLINE”命令，然后在出现“指定起点”提示后按 Enter 键。

若单击按钮长度(L)，在与上一线段相同的角度方向上绘制指定长度的直线段。如果上一线段是圆弧，将绘制与该圆弧段相切的新直线段。

若单击按钮放弃(U)，则放弃最后画的一段线段。

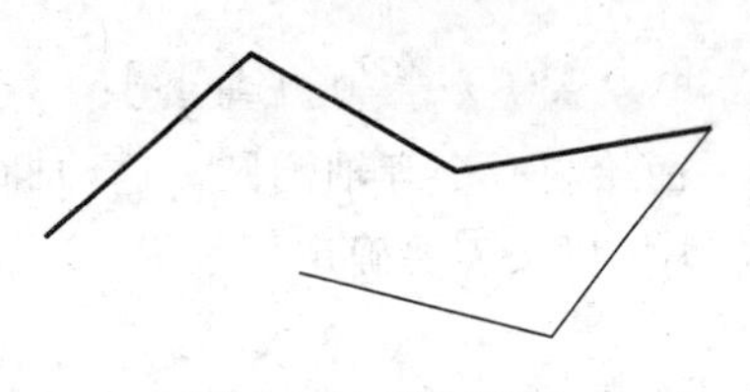

图 3-16 设定线宽

若单击按钮半宽(H)或按钮宽度(W)，可以输入线段起点的宽度，回车，再输入线段终点的宽度，即可绘制宽度不同的线段，如图 3-16 所示。

半宽是指定线段的中心到其一边的宽度，宽度是指线段的线宽。起点宽度将成为默认的端点宽度。端点宽度在再次修改宽度之前将作为所有后续线段的统一宽度。宽线线段的起点和端点位于宽线的中心。典型情况下，相邻多段线线段的交点将倒角。但在圆弧段互不相切、有非常尖锐的角或者使用点画线线型的情况下将不倒角。

2. 绘制圆弧的多段线

在指定多段线线段的端点后，若单击按钮圆弧(A)，系统提示：

PLINE [角度(A) 圆心(CE) 闭合(CL) 方向(D) 半宽(H) 直线(L) 半径(R) 第二个点(S) 放弃(U) 宽度(W)]

即切换到“圆弧”模式，再输入圆弧的一个端点，可绘制与前段线段相切的圆弧，且显示前一个提示。可以根据需要继续指定圆弧的端点，画不同半径的圆弧。

若单击圆心按钮圆心(CE)，输入圆弧的圆心后，系统提示：

PLINE 指定圆弧的端点或[角度(A) 长度(L)]：

再通过指定圆弧的端点或包含角或弦长绘制圆弧，该圆弧与前一段线段可以不相切。

若单击半径按钮半径(R),则可以输入两点自动测得其距离作为半径值,也可以直接输入半径值,再输入圆弧的端点或包含角绘制一段圆弧,该圆弧与前一线段可以不相切。

若单击按钮第二个点(S),则指定圆弧上的一个点,以及圆弧的端点,即过 3 点绘制一圆弧,该圆弧与前一线段也不相切。

若单击按钮方向(D),再依次指定圆弧的起点切向和圆弧的端点,则按指定圆弧段的起始方向绘制圆弧,如图 3-17 所示。

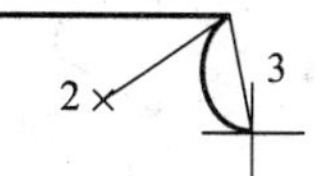

图 3-17　指定圆弧起点的切向和端点

若单击角度按钮角度(A),则指定圆弧段的从起点开始的包含角。系统提示:

PLINE 指定圆弧的端点或[圆心(CE) 半径(R)]:

可以通过指定圆弧的端点或圆心或圆的半径绘制圆弧。

包含角为正数将按逆时针方向创建圆弧段;负数将按顺时针方向创建圆弧段。

若再单击按钮直线(L),可返回到"直线"模式。按 Enter 键结束,或者单击按钮闭合(CL)使多段线闭合。

3. 编辑多段线

编辑多段线的方式有一次编辑一条多段线和同时编辑多条多段线。

"PEDIT"命令的常见用途包含合并二维多段线、将线条和圆弧转换为二维多段线以及将多段线转换为近似 B 样条曲线的曲线(拟合多段线)。

使用"PEDIT"、"特性"选项板或夹点修改多段线的具体步骤如下:移动、添加或删除各个顶点;可以为整条多段线设定统一的宽度,也可以控制各条线段的宽度;创建样条曲线的近似(称为样条曲线拟合多段线);在每个顶点之前或之后使用(或不使用)虚线显示非连续线型;在多段线线型中,通过反转文字方向来更改其方向;更改多段线线段的宽度并设置是否在反转多段线方向时反转线段宽度。

选择"修改"|"对象"|"多段线"命令,即执行"PEDIT"命令,或选择要编辑的多段线,右击,从打开的快捷菜单上选择"编辑多段线"命令,系统提示:

PEDIT 选择多段线或[多条(M)]:

在此提示下选择要编辑的多段线,即执行"选择多段线"默认项,系统提示:

PEDIT 输入选项[闭合(C) 合并(J) 宽度(W) 编辑顶点(E) 拟合(F) 样条曲线(S) 非曲线化(D) 线型生成(L) 反转(R) 放弃(U)]:

若单击按钮闭合(C),则原来开放的多段线变成了封闭的多段线。若多段线是封闭的,则单击按钮打开(O),可以将封闭的多段线打开。

若单击按钮合并(J),再选择与多段线尾端相连的线段,则可将它们合并在多段线中。

若单击按钮宽度(W),再输入多段线新的线宽,可以将多段线的线宽全部改变。

若单击按钮拟合(F),则将原来的多段线创建成由圆弧拟合多段线(由圆弧连接每对顶点的平滑曲线),如图 3-18 所示。曲线经过多段线的所有顶点并使用任何指定的切线方向。

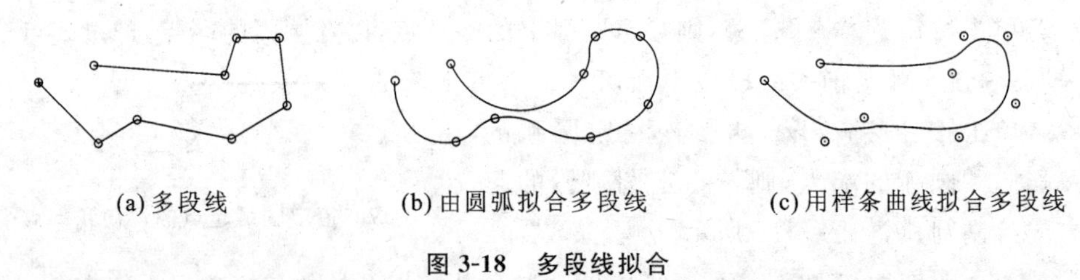

(a) 多段线　　(b) 由圆弧拟合多段线　　(c) 用样条曲线拟合多段线

图 3-18　多段线拟合

若单击按钮样条曲线(S),则将原来的多段线使用选定多段线的顶点作为近似 B 样条曲线的曲线控制点或控制框架。该曲线(称为样条曲线拟合多段线)将通过第一个和最后一个控制点,除非原多段线是闭合的,曲线将会被拉向其他控制点但并不一定通过它们,如图 3-18(c)所示。在框架特定部分指定的控制点越多,曲线上这种被拉拽的倾向就越大。可以生成二次和三次拟合样条曲线多段线。

样条曲线拟合多段线与用“拟合”选项产生的曲线有很大差别。“拟合”构造通过每个控制点的圆弧对。这两种曲线与用 SPLINE 命令生成的真实 B 样条曲线又有所不同。

如果原多段线包括圆弧段,形成样条曲线的框架时它们将被拉直。如果该框架有宽度,则生成的样条曲线将由第一个顶点的宽度平滑过渡到最后一个顶点的宽度。所有中间宽度信息都将被忽略。一旦框架执行了样条曲线拟合,如显示框架,其宽度将为零,线型将为 CONTINUOUS。控制点上的切向规格不影响样条拟合。

当样条拟合曲线拟合成多段线时,将存储为样条拟合曲线的框架,以供随后的非曲线化操作调用。使用 PEDIT“非曲线化”选项可将样条拟合曲线恢复为它的框架多段线。此选项对于拟合曲线和样条曲线作用方式相同。

多数编辑命令对样条拟合多段线和拟合曲线的作用是相同的。

若单击按钮非曲线化(D),则删除由拟合曲线或样条曲线插入的多余顶点,拉直多段线的所有线段。保留指定给多段线顶点的切向信息,用于随后的曲线拟合。使用命令(如 BREAK 或 TRIM 等)编辑样条曲线拟合多段线时,不能使用“非曲线化”选项。

若单击按钮线型生成(L),用来规定非连续型多段线在各顶点处的绘线方式,它可生成经过多段线顶点的连续图案线型。关闭此选项,将在每个顶点处以点画线开始和结束生成线型,如图 3-19 所示。“线型生成”不能用于具有变宽线段的多段线。

若单击按钮反转(R),将反转多段线顶点的顺序。使用此选项可反转使用包含文字线型的对象的方向。例如,根据多段线的创建方向,线型中的文字可能会倒置显示。

若单击按钮放弃(U),就可以还原前一个操作,可一直返回到 PEDIT 任务开始

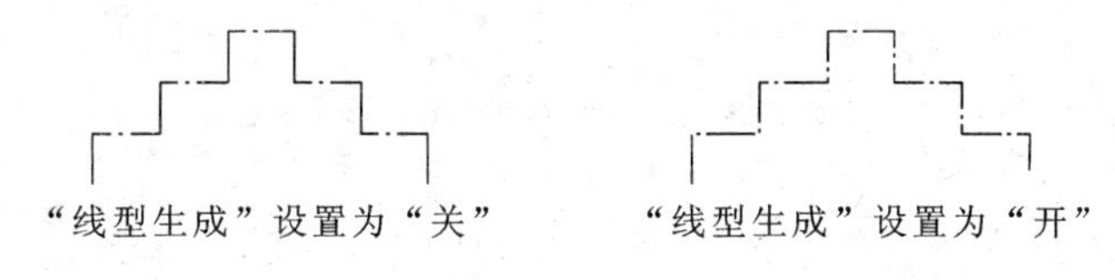

图 3-19

时的状态。

若单击按钮编辑顶点(E),系统提示:

PEDIT[下一个(N) 上一个(P) 打断(B) 插入(I) 移动(M) 重生成(R) 拉直(S) 切向(T) 宽度(W) 退出(X)]〈N〉:

单击按钮下一个(N)或上一个(P),可以设置多段线当前端点的位置,如图3-20(b)所示。

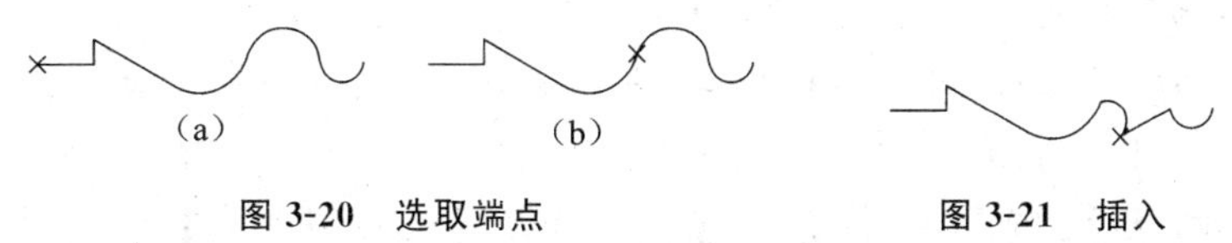

图 3-20 选取端点　　图 3-21 插入

单击按钮打断(B),在提示中单击按钮下一个(N)或上一个(P),选中需要打断的端点,再单击按钮执行(C),即在选中的端点处被打断成两条多段线。单击按钮退出(X),就退出打断状态。

单击按钮插入(I),用鼠标拾取要插入的点,多段线中就插入一段线了,如图3-21所示。

单击按钮移动(M),用鼠标拾取移动后的位置,多段线的端点位置就被移动到新的位置了,如图3-22所示。

单击按钮拉直(S),则所选择的弧线拉直成直线,如图3-23所示。

单击按钮切向(T),设置切线方向,则切线方向将附着到标记的顶点以便用于以后的曲线拟合。

单击按钮宽度(W),再依次输入线段起点和端点的线宽,即修改了线段的宽度,如图3-24所示。但必须重生成多段线才能显示新的宽度。

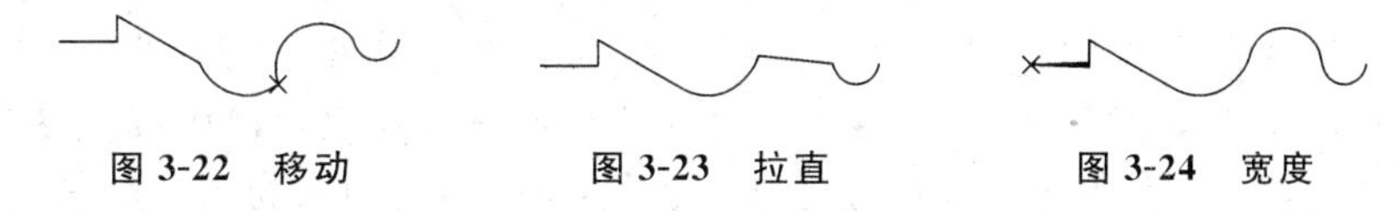

图 3-22 移动　　图 3-23 拉直　　图 3-24 宽度

单击按钮重生成(R),可以重新刷新屏幕,重新显示图形。

单击按钮退出(X),可以退出"编辑顶点"状态。

执行"PEDIT"命令后,如果选择的对象不是多段线,系统将显示"是否将其转换为多段线?<Y>"提示信息。此时,如果输入Y,则可以将选中对象转换为多段线,然后在命令行中显示与前面相同的提示。

3.5 绘制多线

多线由 1 至 16 条平行线组成的，这些平行线称为元素。平行线之间的间距和数目是可以调整的，多线常用于绘制建筑图中的墙体、电子线路图等平行线对象。

系统默认的多线样式是包含两个元素的 STANDARD 样式，也可以指定一个已创建的多线样式。开始绘制之前，可以修改多线的对正方式和比例。多行对正就是确定在光标的哪一侧绘制多行，或者是否位于光标的中心上。

多行比例用来控制多行的全局宽度（使用当前单位）。多行比例不影响线型比例。如果要更改多行比例，可能需要对线型比例做相应的更改，以防点或虚线的尺寸不正确。

1. 创建多线样式

多线的样式有多种，可用不同的样式控制元素的数量和每个元素的特性。

多线的特性包括：元素的总数和每个元素的位置、每个元素与多线中间的偏移距离、每个元素的颜色和线型、使用的端点封口类型，以及多线的背景填充颜色等。

选择“格式”|“多线样式”命令（MLSTYLE），可以创建新的多线样式（见图 3-25）。新建多线样式的对话框如图 3-26 所示。

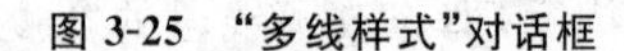

图 3-25 “多线样式”对话框

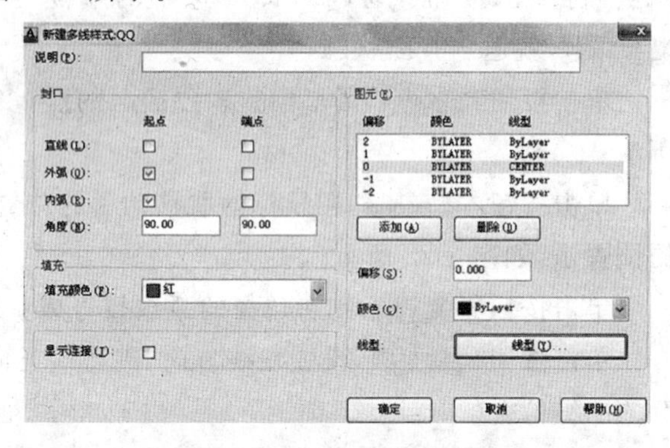

图 3-26 “新建多线样式”对话框

在“多线样式”对话框中，单击“新建(N)”按钮，输入多线样式名称，弹出的“新建多线样式”对话框。单击“添加(A)”按钮可以增加多线中相互平行的线段；通过“偏移”可以设置两条线之间的距离，带有正偏移的元素出现在多线段中间一条线的一侧，带有负偏移的元素出现在这条线的另一侧；通过“线型”可以设置每条线的颜色；通过“封口”可以设置多线两端的样式。

在“多线样式”对话框中，单击“保存”将多线样式保存到文件（默认文件为“acad. mln”）。可以将多个多线样式保存到同一个文件中。

如果要创建多个多线样式，请在创建新样式之前保存当前样式，否则，将丢失对当前样式所做的更改。

2. 绘制多线

选择“绘图”|“多线”命令(MLINE),系统提示:

MLINE 指定起点或[对正(J) 比例(S) 样式(ST)]:

单击按钮样式(ST),再选择一种样式。可直接输入多线样式名称,也可以单击按钮?。若单击按钮?,则可要列出可用样式。

单击按钮对正(J),可选择上对正、无对正或下对正等对正方式。“上(T)”选项表示当从左向右绘制多线时,多线上最顶端的线将随着光标移动;“无(Z)”选项表示当从左向右绘制多线时,多线上中心线将随着光标移动;“下(B)”选项表示当从左向右绘制多线时,多线上最底端的线将随着光标移动。

单击按钮比例(S),输入新的比例,就可以更改多线的比例。比例是指所绘制的多线的宽度,相当于多线定义宽度的比例因子。

最后再依次指定起点、第二个点以及其他点或按 Enter 键绘制多线。如果指定了三个或三个以上的点,可以输入 c 闭合多线。

3. 修改多线

选择“格式”|“多线样式”,在“多线样式”对话框中,从列表中选择样式名。单击“修改”按钮,单击“元素特性”,在“修改多线样式”对话框中,根据需要更改设置,单击“确定”,在“多线样式”对话框中单击“保存”,将对样式所做的更改保存到 MLN 文件中。

(1) 创建闭合的十字形交点　多线可以相交成十字形或 T 字形,并且十字形或 T 字形可以被闭合、打开或合并。

选择“修改”|“对象”|“多线”或输入命令“MLEDIT”,弹出可以“多线编辑工具”对话框,如图 3-27 所示。可以使用 12 种编辑工具编辑多线。在“多线编辑工具”对话框中选择“十字闭合”;为前景选择多线;为背景选择多线;交点被修改。可以继续选择要修改的相交多线,或按 Enter 键结束命令。

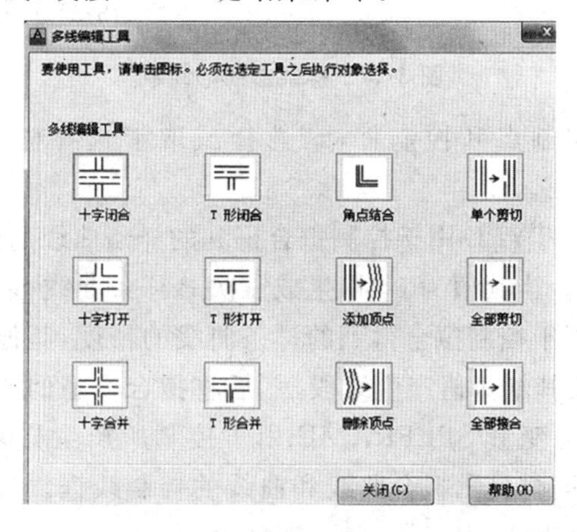

图 3-27　“多线编辑工具”对话框

(2) 从多线中删除顶点　依次单击“修改”|“对象”|“多线”，在“多线编辑工具”对话框中选择“删除顶点”，再在图形中，指定要删除的顶点，按 Enter 键即可删除该顶点。

(3) 在多线上使用通用编辑命令　可以在多线上使用大多数通用编辑命令，除了以下命令：BREAK、CHAMFER、FILLET、LENGTHEN、OFFSET。要执行这些操作，请先使用 EXPLODE 命令，将多行对象替换为独立的直线对象。

如果要修剪或延伸多线对象，只有遇到的第一个边界对象能确定多线端点的造型。多线端点的边界不能是复杂边界。

3.6 绘制样条曲线

1. 样条曲线的绘制

SPLINE 创建称为非均匀有理 B 样条曲线（NURBS）的曲线，为简便起见，称为样条曲线。它是创建经过或靠近一组拟合点或由控制框的顶点定义的平滑曲线。

样条曲线使用拟合点或控制点进行定义。默认情况下，拟合点与样条曲线重合，而控制点定义控制框。控制框是用来设置样条曲线的形状。

拟合点是通过指定样条曲线必须经过的拟合点来创建 3 阶（三次）B 样条曲线的。

控制点是通过指定控制点来创建样条曲线的。使用此方法创建 1 阶（线性）、2 阶（二次）、3 阶（三次）直到最高为 10 阶的样条曲线。通过移动控制点调整样条曲线的形状通常可以提供比移动拟合点更好的效果。这两种方法都有各自的优点，如图 3-28 所示。

(a) 通过拟合点　　(b) 通过控制点

图 3-28　样条曲线的绘制

要显示或隐藏控制点和控制框，请选择或取消选择样条曲线，或使用命令 CVSHOW 和 CVHIDE。

系统变量 SPLINETYPE 用于控制拟合得到的样条曲线的类型，当其值为 5 时，生成二次 B 样条曲线。当其值为 6 时，生成三次 B 样条曲线，系统默认值为 6。系统变量 SPLINESEGS 用于控制拟合得到的样条曲线的精度，其值越大精度也就越高；如果其值为负，则先按其绝对值产生线段，然后将拟合类型的曲线应用到这些线段，系统默认值为 8。系统变量 SPLFRAME 用于控制所产生样条曲线的线框显示与否，当其值为 1 时，可同时显示拟合曲线和曲线的控制线框。当其值为 0 时，只显示拟合曲线，系统默认值为 0。

单击“绘图”工具栏上的“样条曲线”按钮，或选择“绘图”|“样条曲线”或命令SPLINE，系统提示：

SPLINE 指定第一个点或[方式(M) 阶数(D) 对象(O)]：

单击按钮方式(M)，可以选择是按拟合还是还是控制点方式绘制曲线。

单击按钮阶数(D)，可以设置曲线的级次。

单击按钮对象(O)，可以选择一条多段线，可将选中的多段线变化成曲线。

输入若干个点后，若单击按钮闭合(C)，则通过输入的控制点生成一条封闭的光滑的样条曲线。若直接单击右键结束，则生成的曲线不封闭。

若单击按钮放弃(U)，则放弃最后选择的一个点。

2. 修改样条曲线

选择“修改”|“对象”|“样条曲线”命令，即执行SPLINEDIT命令，或选择要编辑的样曲线，或双击样条曲线，系统提示：

SPLINEDIT 输入选项[闭合(C) 合并(J) 拟合数据(F) 编辑顶点(E) 转换为多段线(P) 反转(R) 放弃(U) 退出(X)]〈退出〉：

单击工具栏上的按钮，可以修改已有的样条曲线。

3.7 绘　制　点

点作为组成图形实体部分之一，具有各种实体属性，且可以被编辑。在对象捕捉和相对偏移时，可将点对象作为节点或参照几何图形。

1. 设定点样式和大小

单击菜单“格式”|“点样式”，弹出如图3-29所示的“点样式”对话框。在“点样式”对话框中选择一种点样式，在“点大小”框中，输入相对于屏幕或以绝对单位指定一个大小，最后单击按钮“确定”。

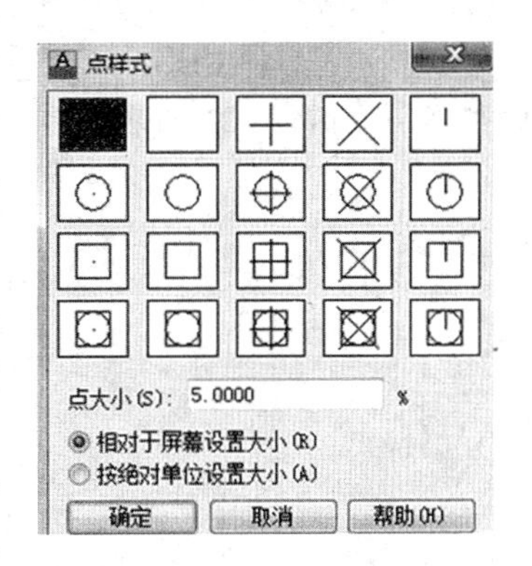

图 3-29 “点样式”对话框

其中，“相对于屏幕设置大小”单选项用于按屏幕尺寸的百分比设置点的显示大小。当进行缩放时，点的显示大小并不改变。

“按绝对单位设置大小”单选项用于按“点大小”下指定的实际单位设置点显示的大小。当进行缩放时，屏幕上显示的点的大小随之改变。

2. 创建点

选择“绘图”|“点”|“单点”或“多点”或命令“Point”或单击按钮，在命令窗口显示：

POINT 指定点：

再指定点的位置，即可生成一个点。使用“节点”对象捕捉可以捕捉到一个已有的点。

3. 绘制等分点

绘制等分点可以在某一图形上以等分长度设置点或块，被等分的对象可以是直线、圆、圆弧、多段线等，等分数目由用户指定。

选择“绘图”|“点”|“定数等分”或命令“DIVIDE”(DIV)，命令窗口显示：

DIVIDE 选择要定数等分的对象：

选取需要等分的图元，再输入线段的数目即等分数，即可将所选的图元等分成若干等分，如图 3-30 所示，将一圆和一条线段等分成 7 等分。

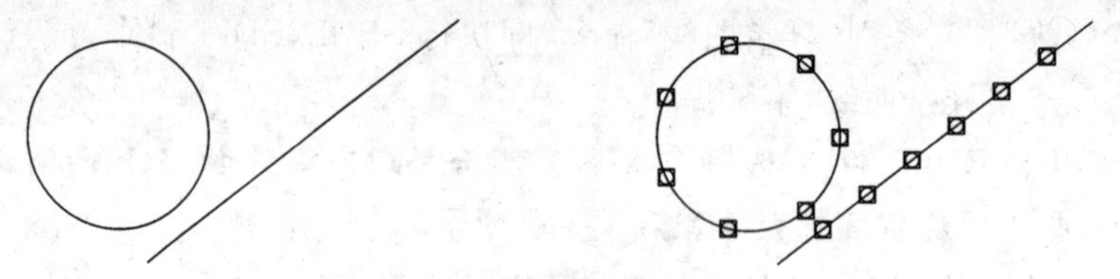

图 3-30 等分线段

4. 绘制定距点

绘制定距点就是在所选择对象上用给定的距离设置点，也就是先给定距离，再按指定距离标上点的标记。

选择“绘图”|“点”|“定距等分”或命令“MEASURE”(ME)，命令窗口显示：

MEASURE 选择要定距等分的对象：

选取需要定距等分的线段和距离，再输入等分距离，即可将选中的线段按给定的距离等分，如图 3-31 所示。

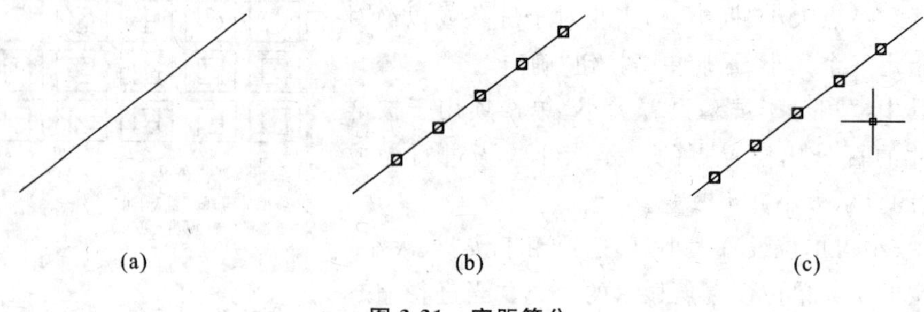

图 3-31 定距等分

与等分点相比，后者是以给定数目等分所选实体，而定距点是以指定的距离在所选实体上插入点或块，直到余下部分不足一个间距为止。

进行定距等分时，注意在选择等分对象时鼠标左键应单击被等分对象的位置。单击位置不同，结果可能不同，如图 3-31(b)、(c)所示。

3.8　修订云线

修订云线是指由连续圆弧组成的多段线，用来构成云线形状的对象。它主要用在查看阶段用红线圈阅图形，它可亮显标记以提高工作效率，提醒用户注意图形的某个部分。

既可以从头开始创建修订云线，也可以将对象（如圆、椭圆、多段线或样条曲线等）转换为修订云线。通过选择云线样式可使云线看起来像是用画笔绘制的，其特点就是通过拖动鼠标来徒手绘制。

1. 徒手画

徒手画就是创建一系列徒手绘制的线段。它对于创建不规则边界或使用数字化仪追踪非常有用，如图 3-32 所示。

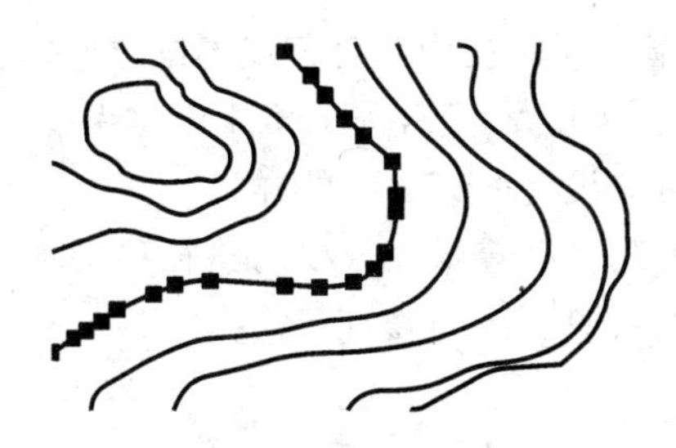

图 3-32　徒手画

徒手画没有对应的菜单或工具按钮，只有通过命令“SKETCH”执行徒手绘制图形、轮廓线及签名等。

执行“SKETCH”命令，系统提示：

SKETCH 指定草图或[类型(T) 增量(I) 公差(L)]：

单击按钮类型(T)，系统提示：

SKETCH 输入草图类型[直线(L) 多线段(P) 样条曲线(S)]〈直线〉：

此时可以选择草图类型是直线、多段线还是样条曲线。

按钮增量(I)用来设置定义每条手画直线段的长度。定点设备所移动的距离必须大于增量值，才能生成一条直线。

按钮公差(L)用来设置样条曲线的曲线布满手画线草图的紧密程度。

徒手绘图的步骤是：在命令提示下，输入“SKETCH”，设置徒手绘图的参数，按 Enter 键接受最后保存的类型、增量和公差值，将光标移至绘图区域中以开始绘制草图，移动定点设备时，将会绘制指定长度的手画线段。在命令运行期间，手画线以另一种颜色显示，单击以暂停绘制草图，可以单击新起点，从新的光标位置重新开始绘图，最后单击 Enter 键完成草图。

徒手绘图另一种方法：在命令提示下，输入“SKETCH”。单击并按住鼠标以开始绘制草图,然后移动光标;释放以暂停绘制草图;必要时重复上一步;按 Enter 键完成草图。

注意,“SKETCH”不接受坐标输入。

2. 绘制修订云线

单击绘图工具条中的按钮,或单击菜单“绘图”|“修订云线”,系统提示:

REVCLOUD 指定起点或[弧长(A) 对象(O) 样式(S)]〈对象〉:

单击按钮弧长(A),设置指定新的最大和最小弧长,或者指定修订云线的起点。默认的弧长最小值和最大值设定为 0.5000 个单位,弧长的最大值不能超过最小值的三倍。

沿着云线路径移动十字光标。要更改圆弧的大小,可以沿着路径单击拾取点。可以随时按 Enter 键停止绘制修订云线。若要绘制闭合的修订云线,可以返回到它的起点。

单击按钮对象(O),指定要转换为修订云线的圆、椭圆、多段线或样条曲线,若需要反转圆弧的方向,可单击按钮是(Y),按 ENTER 键保持圆弧的原样。

单击按钮样式(S),可以设置修订云线的样式。

选中已绘制的修订云线。沿着修订云线的路径移动拾取点,可以更改弧长和弦长。按 Enter 键将选定的对象更改为修订云线。

思 考 题

3-1　绘制直线时,可以直接输入它的长度和斜度吗?

3-2　多段线中每段线可以独自设置它们的线宽吗?可以使线宽成渐变状态吗?

3-3　绘制圆有哪几种方式?

3-4　绘制圆弧有哪几种方式?

3-5　可以绘制带圆角或倒角的矩形吗?可以绘制有一定倾角的矩形吗?

3-6　可以直接绘制与三条直线或圆弧同时相切的圆吗?

3-7　多线一般用在哪些方面的绘图?

3-8　样条曲线一定要严格通过控制点吗?

3-9　多段线可以转换成光滑的曲线吗?

3-10　徒手画中用的基本图形是直线、多段线还是样条曲线?

第4章　编辑二维图形

本章重点

(1) 掌握选择对象的方法；

(2) 掌握使用夹点编辑对象的方法；

(3) 掌握复制、旋转、偏移、镜像和阵列对象的方法；

(4) 掌握倒角、倒圆的方法；

(5) 掌握修剪、延伸、拉伸和缩放比例的方法和步骤；

(6) 掌握打断、分解图形的方法。

在绘图过程中，经常需要调整图形对象的位置、形状和大小等，这就需要图形编辑功能。这种对图形编辑的过程就是对图形进行精加工的过程。通常可以使用“修改”菜单和“修改”工具栏编辑较为复杂的图形，也可以利用图形对象的夹点快速拉伸、移动、旋转或复制对象。

常见的编辑功能有对象的移动、旋转、复制、拉伸、修剪等。特殊的编辑功能有对图形对象进行圆弧过渡或修倒角、创建镜像对象、创建环形或矩形对象阵列等。

4.1　选择编辑的对象

1. 设置对象的选择模式

对图形进行编辑时应选择要编辑的对象。编辑的对象可以是单个图元，也可以是多个图元。选择对象的方法可以是逐个单击对象拾取、也可以利用矩形窗口拾取。

AutoCAD 支持两种对象选择方式，即动词/名词方式和名词/动词方式。也就是说，是在选择编辑命令之前或是之后选取对象。对象选择方式在“工具”|“选项”命令中设定。打开“选择”选项对话框，可以设置选择集模式、设定拾取框的大小及夹点功能等，如图 4-1 所示。

2. 选择对象的方法

选择对象“SELECT”命令可以单独使用，也可以在执行其他编辑命令时被调用。无论使用哪种方法，光标的形状都会由十字光标变为拾取框，可以选择对象。

对象的选择既可以直接用鼠标选择对象；也可以利用窗口选择，即从左向右拖动光标，以仅选择完全位于矩形区域中的对象；还可以交叉选择，即从右向左拖动光标，以选择矩形窗口包围的或相交的对象。

输入选择命令“SELECT”后，再输入“?”，系统的提示信息为：

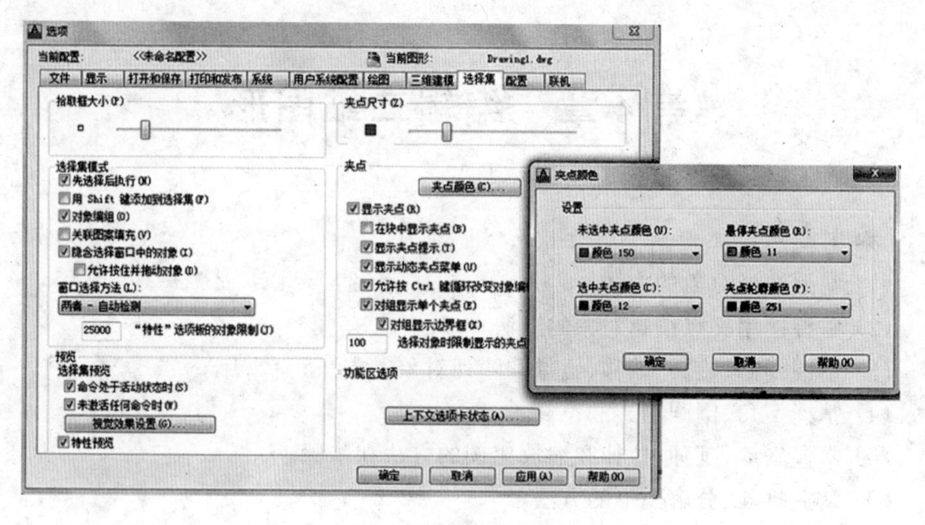

图 4-1　"选择集"选项卡

∗无效选择∗
需要点或窗口(W)/上一个(L)/窗交(C)/框(BOX)/全部(ALL)/栏选(F)/圈围(WP)/圈交(CP)/编组(G)/添加(A)/删除(R)/多个(M)/前一个(P)/放弃(U)/自动(AU)/单个(SI)

"窗口(W)"选项:通过绘制一个矩形区域来选择对象,只有完全在窗口内的对象才能被拾取,部分或不在该窗口内的对象不被拾取,如图 4-2(b)所示。

"上一个(L)"选项:选取图形窗口内可见元素中最后创建的对象。不管使用多少次"上一个(L)"选项,都只是一个对象被选中。

"窗交(C)"选项:通过绘制一个矩形区域来选择对象,完全或部分在窗口内的对象都被拾取,如图 4-2(c)所示。

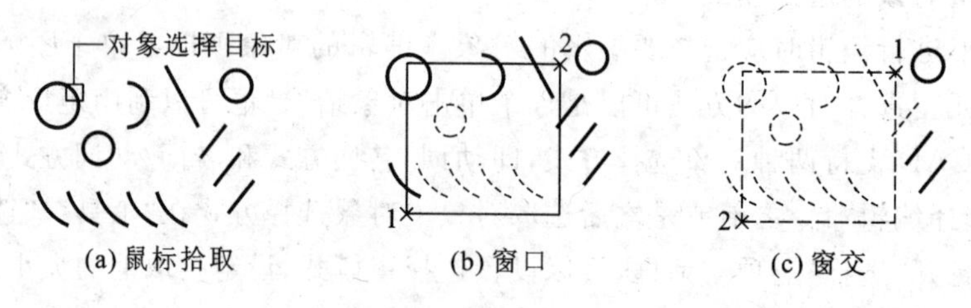

(a) 鼠标拾取　(b) 窗口　(c) 窗交

图 4-2　选择对象之一

"框(BOX)"选项:从左到右设置拾取窗口的两角点,则执行"窗口"选项;从右到左设置拾取窗口的两角点,则执行"窗交"选项。

"全部(ALL)"选项:表示选择图形中没有被锁定、关闭或冻结的层上的所有对象。

"栏选"选项:选择与选择栏相交的所有对象。栏选方法与圈交方法相似,只是栏选不闭合,并且栏选可以自交。栏选不受 PICKADD 系统变量的影响。

"圈围"选项:选择多边形(通过待选对象周围的点定义)中的所有对象。该多边形可以为任意形状，但不能与自身相交或相切。系统将绘制多边形的最后一条线段，所以该多边形在任何时候都是闭合的。圈围不受 PICKADD 系统变量的影响。

“圈交”选项：选择多边形（通过在待选对象周围指定点来定义）内部和与之相交的所有对象。该多边形可以为任意形状，但不能与自身相交或相切。系统将绘制多边形的最后一条线段，所以该多边形在任何时候都是闭合的。圈交不受 PICKADD 系统变量的影响，如图 4-3 所示。

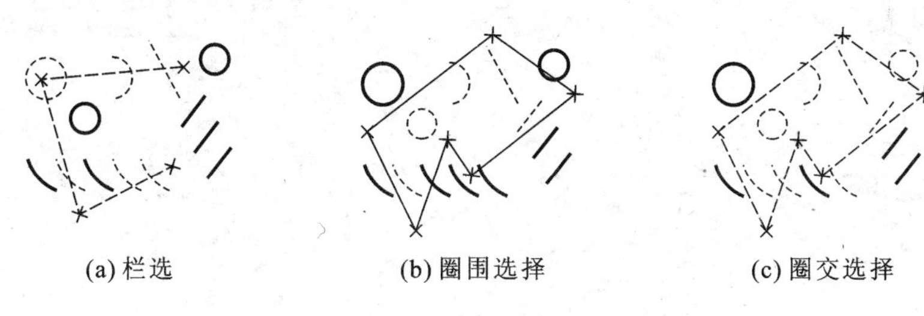

(a) 栏选　　(b) 圈围选择　　(c) 圈交选择

图 4-3　选择对象之二

“编组”选项：在一个或多个命名或未命名的编组中选择所有对象。指定未命名编组时，请确保包括星号（ * ）。例如，输入 * a3。您可以使用“LIST”命令以显示编组的名称。

“添加”选项：切换到添加模式，可以使用任何对象选择方法将选定对象添加到选择集。自动和添加为默认模式。

“删除（R）”选项：从选择集中（而不是从图形中）移出已选取的对象，只需单击要从选择集中移出的对象即可。

“多个”选项：在对象选择过程中单独选择对象，而不亮显它们。这样会加速高度复杂对象的对象选择。

“前一个”选项：选择最近创建的选择集。从图形中删除对象将清除“上一个”选项设置。

“放弃”选项：放弃选择最近加到选择集中的对象。

“自动”选项：切换到自动选择，指向一个对象即可选择该对象。指向对象内部或外部的空白区，将形成框选方法定义的选择框的第一个角点。自动和添加为默认模式。

“单个”选项：切换到单选模式，选择指定的第一个或第一组对象而不继续提示进一步选择。

3. 过滤选择

在命令行提示下输入“FILTER”命令，将打开“对象选择过滤器”对话框，如图 4-4 所示。可以以对象的类型（如直线、圆及圆弧等）、图层、颜色、线型及线宽等特点作为条件，来过滤选择符合设定条件的对象。此时，必须考虑图形中对象的这些特性是否设置为随层。过滤条件在“选择过滤器”选项区域中设置。

4. 快速选择

在系统中，当需要选择具有某些共同特征的对象时，可利用“快速选择”对话框，根据对象的图层、线型、颜色、图案填充等特征和类型，创建选择集。选择“工具”|“快速选择”命令，可打开“快速选择”对话框，如图 4-5 所示。

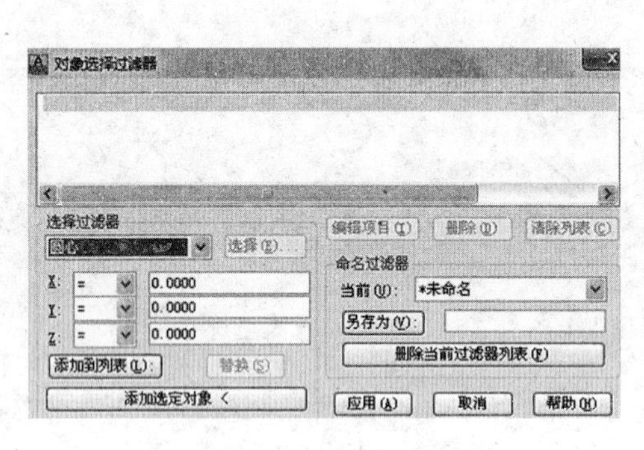

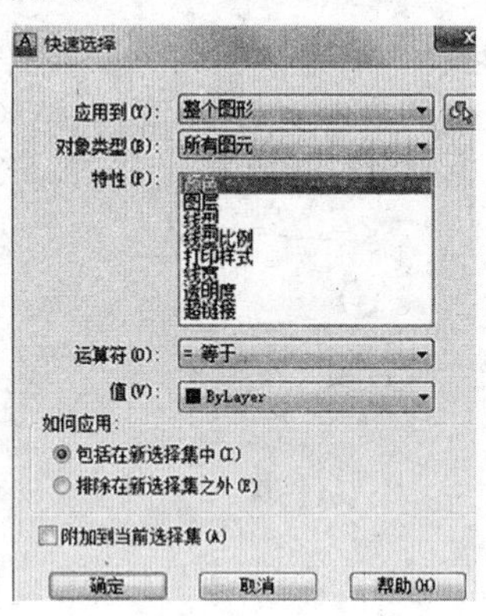

图 4-4 “对象选择过滤器”对话框　　　图 4-5 “快速选择”对话框

4.2 使用夹点编辑图形

1. 夹点显示

夹点是指图形对象上的控制点，是一种集成的编辑模式，用户可通过它来控制操作对象。单击对象时，在对象上将显示出若干个小方框，这些小方框是用来标记被选中对象的夹点。

在默认情况下，夹点始终是打开的。可以通过“工具”|“选项”对话框中的“选择”选项卡设置是否启用、夹点的大小及夹点显示的颜色，如图 4-1 所示。

一般不同的对象其夹点的位置和数量是不一样的，图形元素上常见夹点如表4-1所示。

表 4-1 常见对象的夹点特征

对 象 类 型	夹点及其位置
直线	两个端点和中点
多段线	直线段的两端点、圆弧段的中点和两端点
构造线	控制点以及线上的邻近两点
射线	起点及射线上的一个点
多线	控制线上的两个端点
圆弧	两个端点和中点
圆	四个象限点和圆心

续表

对象类型	夹点及其位置
椭圆	四个顶点和中心
椭圆弧	端点、中点和中心点
区域填充	各个顶点
文字	插入点和第二个对齐点(如果有的话)
段落文字	各顶点
属性	插入点
形	插入点
三维网络	网格上的各个顶点
三维面	周边点
线性标注、对齐标注	尺寸线和尺寸界线的端点,尺寸文字的中心点
角度标注	尺寸线端点和和指定尺寸标注弧的端点,尺寸文字的中心点
半径标注、直径标注	半径或直径标注的端点,尺寸文字的中心点
坐标标注	被标注点,用户指定的引出线端点和尺寸文字的中心点

2. 夹点编辑对象

可以通过拖动夹点的方式方便地进行拉伸、移动、旋转、缩放及镜像等操作。

使用夹点编辑图形的操作步骤如下。

(1) 鼠标左键单击某个对象,该对象上的夹点将显示出来。

(2) 鼠标左键单击其中某一夹点,选中夹点的小方框会变颜色,并作为基夹点,系统提示:

* * 拉伸 * *

指定拉伸点或[基点(B) 复制(C) 放弃(U) 退出(X)]:

默认状态是拉伸,单击按钮基点(B),可以重新选择基点的位置;单击按钮复制(C),是复制对象;单击按钮放弃(U)是取消上一次操作;单击按钮退出(X),可以退出操作。

(3) 移动鼠标,就可以拉伸或移动图元;也可单击右键,在弹出快捷菜单中,选择编辑的方式,如图 4-6 所示。

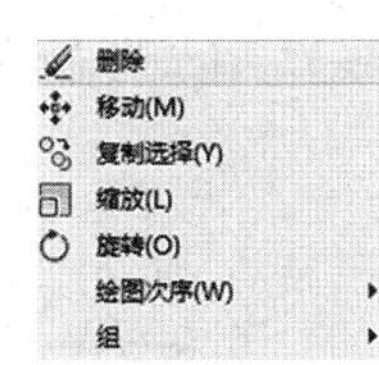

图 4-6　快捷菜单

4.3　编辑修改命令

图 4-7 所示为编辑对象的工具栏和修改菜单,通过它们可以对已有的图元进行编辑。

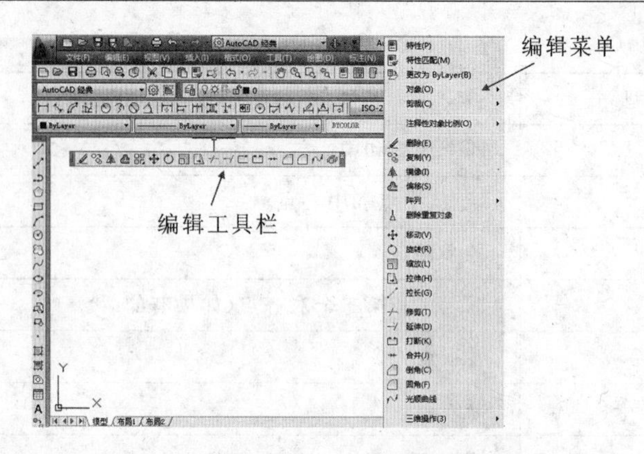

图 4-7　编辑对象的工具栏及修改菜单

1. 删除与恢复对象

单击“删除”按钮或选择“修改”|“删除”命令(ERASE)，选择要删除的对象，再按下 Enter 键或 Space 键结束对象选择，则已选择的对象被删除。在标准工具栏中单击、按钮，可以取消或恢复最后一次操作。

2. 复制对象

复制是指在指定方向上按指定距离复制对象，如图 4-8(b)所示。

单击“复制”按钮，选择需要复制的对象，按鼠标右键表示选择结束，系统将提示：

COPY 指定基点或[位移(D) 模式(O)]〈位移〉：

默认状态是先指定复制的基点，再给出复制到的位置，它可以复制多个副本，直到按 Enter 键结束。也可以单击按钮模式(O)，选择是复制一个还是复制多个副本。

指定的两个点就已定义了一个矢量，表明选定对象将被移动的距离和方向。如果在“指定第二个点”提示下按 Enter 键，则第一个点将被认为是相对 X、Y、Z 方向的位移量。例如，如果将基点指定为(2,3)，然后在下一个提示下按 Enter 键，则对象将从当前位置沿 X 方向移动 2 个单位，沿 Y 方向移动 3 个单位。

复制的特点是已复制到目的文件的对象与源对象毫无关系，源对象的改变不会影响复制得到的对象。

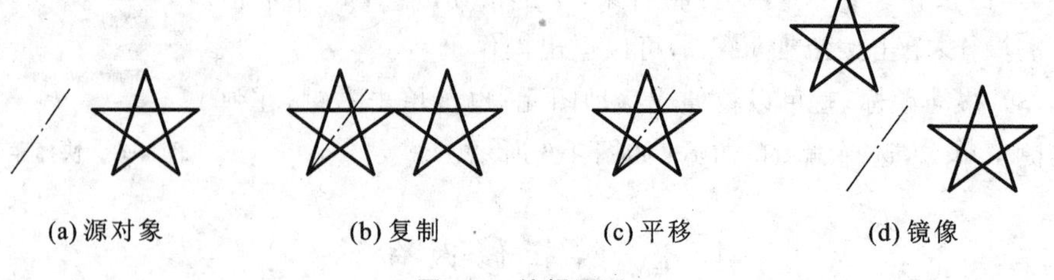

(a) 源对象　　(b) 复制　　(c) 平移　　(d) 镜像

图 4-8　编辑图形

3. 平移对象

平移是将选中的对象在指定方向上按指定距离移动。它可以对二维或三维对象进行重新定位,且不改变对象的方向和大小,如图4-8(c)所示。

单击"平移"按钮✥,并选择要移动的对象,再在绘图区域中单击鼠标右键,表示选取结束,然后指定的两个点定义一个矢量,指名选定对象将被移动的距离和方向。

4. 镜像对象

镜像是指绕指定轴翻转对象而创建对称的图像,如图4-8(d)所示。其操作步骤如下。

单击"镜像"按钮或选择"修改"|"镜像"命令(MIRROR),选择要镜像的对象后,再依次指定镜像线上的两个点,命令行将提示:

MIRROR 要删除源对象吗?[是(Y) 否(N)]〈N〉:

默认的是保留源对象,如需要删去源对象,就单击按钮是(Y)。

系统变量MIRRTEXT可以控制文字对象的镜像方向。若MIRRTEXT的值为1,则文字对象完全镜像,镜像后的文字变得不可读;若MIRRTEXT的值为0时,文字对象不镜像。默认的情况是镜像文字、图案填充、属性和属性定义时,它们在镜像图像中不会反转或倒置。

另外文字的对齐和对正方式在镜像对象前后相同。

5. 偏移对象

偏移是指创建其形状与原始对象平行的新对象。可以作为偏移的对象有直线、圆弧、圆、椭圆和椭圆弧(形成椭圆形样条曲线)、二维多段线构造线(参照线)和射线、样条曲线等,使用它可以创建同心圆、平行线和平行曲线。若偏移圆或圆弧,则会创建更大或更小的圆或圆弧,具体结果将取决于指定为向哪一侧偏移。

偏移的方法可以是指定偏移距离,也可以是使对象通过某点。默认状态是输入偏移距离。

单击"偏移"按钮或选择"修改"|"偏移"命令(OFFSET),系统提示:

当前设置:删除源=否 图层=源 OFFSETGAPTYPE=0

OFFSET 指定偏移距离或[通过(T) 删除(E) 图层(L)]〈通过〉:

1) 指定距离偏移对象

若是第一次使用偏移功能,则默认的偏移量为0,因此需要先输入偏移的距离,再选择要偏移的对象,最后指定某个点以指示在原始对象的哪一侧偏移对象。

对圆弧进行偏移时,新圆弧与旧圆弧同心且具有相同的包含角,但新圆弧的长度发生了变化;对圆和椭圆进行偏移后,得到的是同心圆或椭圆,但它们的轴长发生了变化;对直线段、构造线、射线作偏移时,是平行复制。

2) 通过一点偏移对象

单击按钮通过(T),再选择要偏移的对象,最后指定偏移对象要通过的点即可。

3) 改变图层

单击按钮图层(L),系统提示是在源对象图层还是当前图层偏移对象。若选择的是"源",则偏移后的对象与源对象在同一个图层;若选择的是当前层,则偏移后的对象放在当前层。

4）是否删去源对象

单击按钮删除(E)，可以设置偏移对象后是否删除源对象。

5）多段线偏移

偏移多段线或样条曲线时，将生成平行于原始对象，且自动修剪相交线和填充间隙如图 4-9(b)所示。与二维多段线作为单个线段时的偏移不同，那会在线段之间产生交点或间隙，如图 4-9(c)所示。当偏移距离大于可调整的距离时将自动进行修剪，如图 4-9(d)所示。

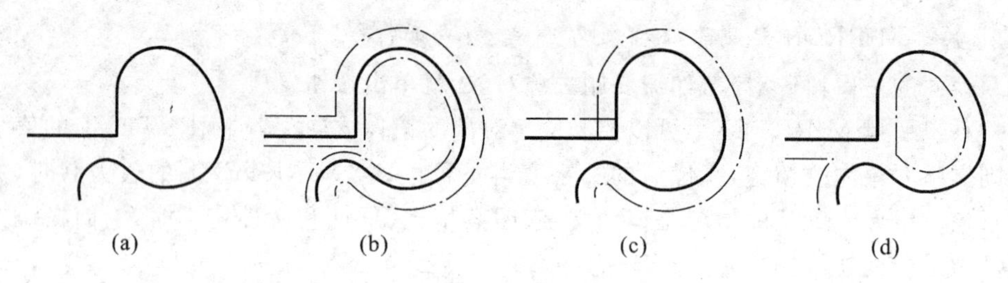

图 4-9　多段线偏移

6. 阵列对象

阵列对象是指创建以阵列模式排列的对象的副本。常用的阵列类型有矩形(见图 4-10)、环形(见图 4-11)和路径阵列(见图 4-12)。

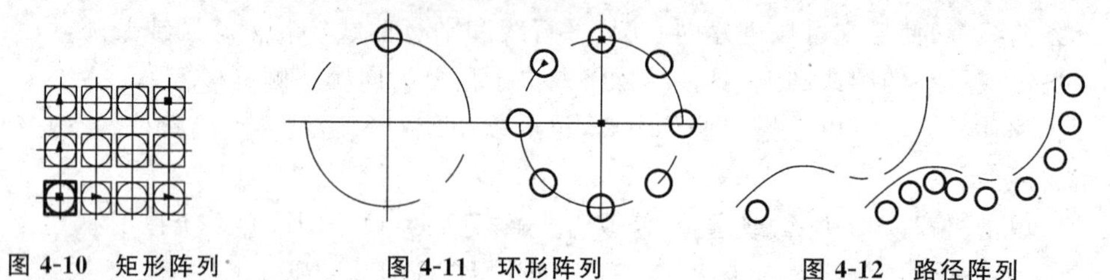

图 4-10　矩形阵列　　图 4-11　环形阵列　　图 4-12　路径阵列

1）矩形阵列

矩形阵列就是将对象分布到任意行、列和层的组合。

单击"矩形阵列"按钮或选择"修改"|"阵列"|"矩形阵列"命令(ARRAY)，用鼠标选取需要矩阵的对象后回车，在命令窗口中的提示如下：

关联(AS) 基点(B) 计数(COU) 间距(S) 列数(COL) 行数(R) 层数(L) 退出(X)

单击按钮关联(AS)，可以设置阵列中的对象是关联的还是独立的。若是关联的，则可以通过编辑特性和源对象在整个阵列中快速传递更改。若是独立的，则创建阵列项目作为独立对象，更改一个项目不影响其他项目。

单击按钮基点(B)，可以重新设置基点和关键点，即阵列基点和基点夹点的位置。基点是指阵列中放置项目的基点。关键点用于关联阵列，对于关联阵列，在源对象上指定有效的约束(或关键点)以与路径对齐。如果编辑生成的是阵列的源对象或路径，阵列的基点保持与源对象的关键点重合。

单击按钮计数(COU)，可以指定行数和列数并使用户在移动光标时可以动态观察结果。其中“表达式”是基于数学公式或方程式导出值。

单击按钮间距(S)，可以依次指定列间距和行间距，其中行间距是从每个对象的相同位置测量的每行之间的距离，列间距是从每个对象的相同位置测量的每列之间的距离。单位单元是通过设置等同于间距的矩形区域的每个角点来同时指定行间距和列间距的。

单击按钮列数(COL)，可以编辑列数和列间距。输入列数再回车，输入列距再回车。

单击按钮行数(R)，可以编辑行数和行间距。输入行数再回车，输入行距再回车。

单击按钮层数(L)，可以指定三维阵列的层数和层间距。

单击按钮退出(X)，则退出矩形阵列操作。

单击鼠标右键后再单击鼠标右键，即按要求矩形阵列了图元。

2）环形阵列

单击“修改”|“阵列”|“环形阵列”按钮，选取需要阵列的图元后单击右键，再选取环形阵列中心后，在屏幕上可以显示预览阵列，此时在命令窗口中的提示为：

关联(AS) 基点(B) 项目(I) 项目间角度(A) 填充角度(F) 行(ROW) 层(L) 旋转项目(ROT) 退出(X)

单击按钮项目(I)，输入阵列的数目；单击按钮项目间角度(A)，输入阵列的两图元之间的角度；单击按钮填充角度(F)，输入阵列分布弧形区域的总角度；单击按钮旋转项目(ROT)，确定阵列的图元是否旋转。

3）路径阵列

路径阵列是指沿路径或部分路径均匀分布对象副本。路径可以是直线、多段线、三维多段线、样条曲线、螺旋、圆弧、圆或椭圆等。

现以图 4-13(a)所示的图形为例，说明路径阵列的操作过程。单击“修改”|“阵列”|“路径阵列”按钮，系统提示：

关联(AS) 方法(M) 基点(B) 切向(T) 项目(I) 行(R) 层(L) 对齐项目(A) Z 方向(Z) 退出(X)

选取需要阵列的图元(三角形)后单击右键，再选取圆弧作为阵列的路径，此时在命令窗口弹出图 4-13(a)所示的图标菜单；

单击按钮基点(B)，用鼠标左键拾取一点 A 点为基点，如图 4-13(b)所示；

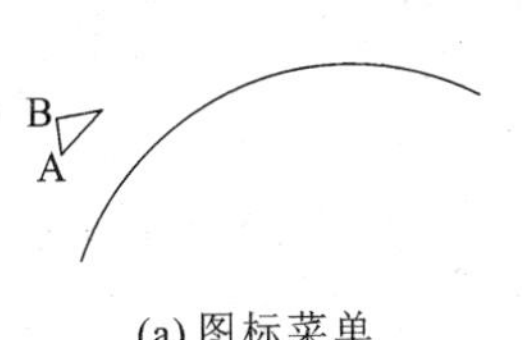

(a) 图标菜单

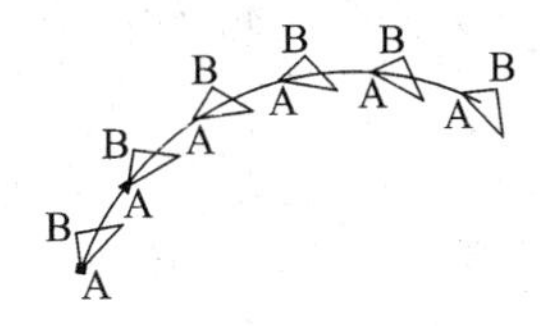

(b) 拾取A点为基点

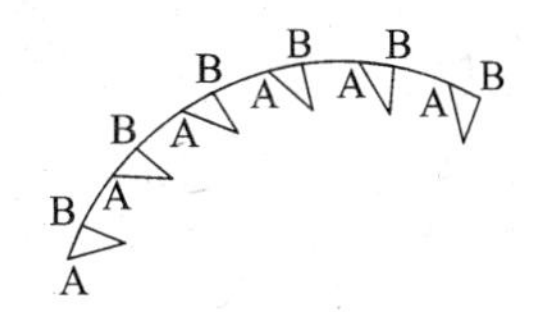

(c) 确定图元的切线方向

图 4-13　路径阵列

单击按钮切向(T)，分别拾取点 A 和点 B，确定图元的切线方向，如图 4-13(c)所示；

单击按钮项目(I)，确定阵列的数量；单击按钮行(R)，确定阵列的行数，按回车即可。

单击按钮对齐项目(A)，可以指定是否对齐每个项目以与路径的方向相切。对齐是相对于第一个项目的方向，如图 4-14 所示。

图 4-14 对齐项目

7. 旋转对象

旋转就是将选中的对象绕基点旋转到一个绝对的角度，如图 4-15 所示。

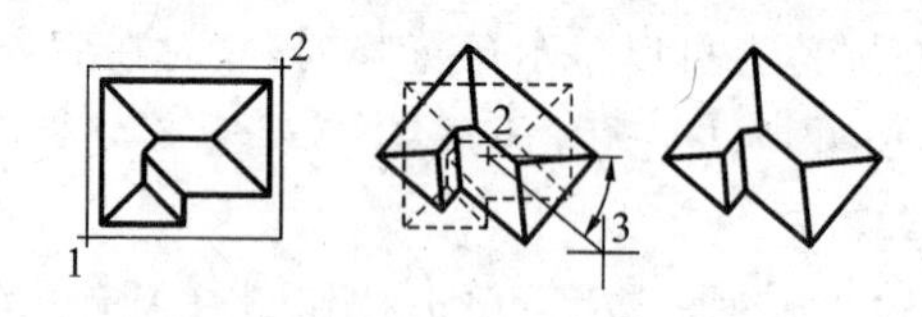

图 4-15 旋转对象

单击“旋转”按钮或选择“修改”|“旋转”命令(ROTATE)，选取要旋转的图元后，按鼠标右键，再输入旋转的基点，此时命令行提示：

ROTATE 指定旋转角度，或[复制(C) 参照(R)]〈0〉：

如果直接输入角度值，则可以将对象绕基点转动该角度。角度为正值表示按逆时针旋转，角度为负值表示按顺时针旋转；

如果单击按钮参照(R)，将以参考方向旋转对象，需要依次指定参考方向的角度和相对于参考方向的角度值。

执行该命令后，命令行显示“UCS 当前的正角方向：ANGDIR＝逆时针 ANGBASE＝0”的提示信息，可以了解到当前的正角度方向(如逆时针方向)，零角度方向与 X 轴正方向的夹角。

8. 缩放和拉伸对象

(1) 缩放是指先指定基点和比例因子，将选中的对象放大或缩小，使缩放后对象的比例保持不变。基点就是缩放操作的中心，要保持静止。比例因子大于 1 时将放大对象，比例因子介于 0 和 1 之间时将缩小对象，如图 4-16 所示。

单击“缩放”按钮或选择“修改”|“缩放”命令(SCALE)后，系统提示选择要缩放的对象，右键结束选择，指出缩放的基点后，再输入要缩放的比例，就可将选择的对象相对于基点进行尺寸缩放。

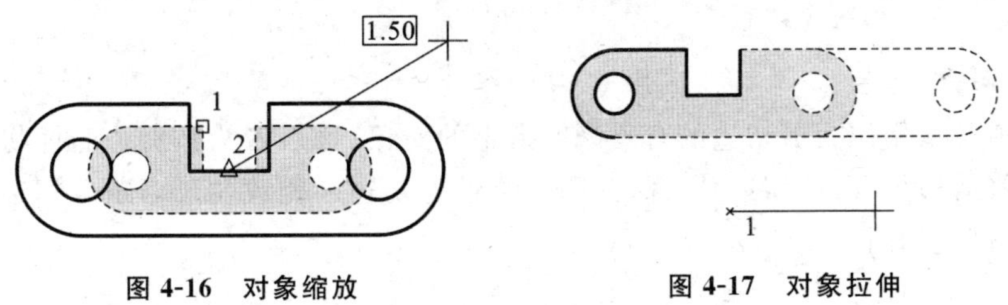

图 4-16　对象缩放　　　　图 4-17　对象拉伸

(2) 拉伸命令可以移动或拉伸对象，其操作方式根据图形对象在选择框中的位置决定，如图 4-17 所示。执行该命令时，可以使用交叉窗口方式或者交叉多边形方式选择对象，然后依次指定位移基点和位移矢量，系统将会移动全部位于选择窗口之内的对象，而拉伸(或压缩)与选择窗口边界相交的对象。

单击“拉伸”按钮或选择“修改”|“拉伸”命令(STRETCH)，系统提示选择要拉伸的对象，右键结束选择，指出缩放的基点后，就将指定对象相对于基点进行拉伸。对于由直线、圆弧、区域填充和多段线等组成的对象，若其所有部分均在选择窗口内，则将被移动，如果只有一部分在选择窗口内，则遵循表 4-2 所示的各种对象的拉伸规则。

表 4-2　各种对象拉伸规则

对　　象	拉 伸 规 则
直线	位于窗口外的端点不动，位于窗口内的端点移动
圆	圆心
形和块	插入点
文字和属性定义	字符串基线的左端点
圆弧	与直线类似，但在圆弧改变的过程中，圆弧的弦高保持不变，同时由此来调整圆心的位置和圆弧起始角、终止角的值
区域填充	位于窗口外的端点不动，位于窗口内的端点移动
多段线	与直线或圆弧相似，但多段线两端的宽度、切线方向及曲线拟合信息均不改变
其他对象	如果其定义点位于选择窗口内，对象发生移动，否则不动

9. 修剪、延伸对象

通过修剪与延伸对象，可以缩短或拉长对象，使对象与其他对象的边相接。它应先创建对象(如直线等)，才可以调整该对象。通过修剪或延伸对象，可以使它们精确地终止于由其他对象定义的边界。

选择的剪切边或边界边无须与修剪对象相交。可以将对象修剪或延伸至投影边或延长线交点，即对象延长后相交的地方。

如果未指定边界并在“选择对象”提示下按 Enter 键，显示的所有对象都将成为可能边界。

在选择包含块的剪切边或边界边时，只能选择“窗交”、“栏选”和“全部选择”选项中的一个。

1）修剪

修剪是指用作为剪切边的对象修剪指定的对象(称后者为被剪边)，即将被修剪对象沿修剪边界(即剪切边)断开，并删除位于剪切边一侧或位于两条剪切边之间的部分，其过程如图 4-18 所示。

(a) 对象

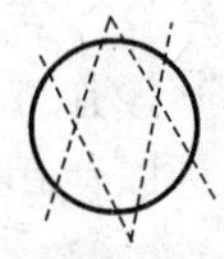
(b) 选取剪切边（四条直线）

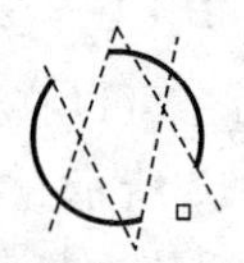
(c) 点取要裁剪的对象

图 4-18　修剪对象的过程

单击“修剪”按钮 或选择“修改”|“修剪”命令(TRIM)，系统提示选择作为剪切边的对象(可以是一个或多个对象)，右键结束选择，再选择要修剪的对象，按右键系统提示：

TRIM[栏选(F) 窗交(C) 投影(P) 边(E) 删除(R) 放弃(U)]：

选择要修剪的对象，或按住 Shift 键选择要延伸的对象，按鼠标右键结束。

剪切边可以是直线、圆弧、射线和文字等，同时剪切边也可以为修剪对象。默认时，选择修剪对象后，系统会以剪切边为界，将修剪对象上位于拾取点一侧的部分剪切掉。若按下 Shift 键，同时选择与修剪对象不相交的剪切边，则这条剪切边变为了延伸边界，修剪对象将延伸到剪切边上。其他选项剪切的功能如下。

“栏选(F)”选项：选择与栅栏线相交的所有对象，需要指定栏选点。

“窗口(C)”选项：选择矩形区域内部或之相交的对象，某些要修剪的对象的交叉选择不确定。TRIM 将沿着矩形窗口从第一个点以顺时针方向选择遇到的第一个对象。

“投影(P)”选项：主要用于三维空间中两对象的修剪，可将对象投影到某一平面上执行修剪操作。

“边(E)”选项：选择该项，系统提示“输入隐含边延伸模式［延伸(E)/不延伸(N)］〈延伸〉：”，如选择“E”，当剪切边太短而且没有与被修剪对象相交时，可延伸剪切边，然后进行剪切，如选择“N”，只有当剪切边与被剪切对象真正相交时，才能进行剪切。

“删除(R)”选项：删除选定的对象。

“放弃(U)”选项：取消上一次的操作。

2）延伸

延伸是指将指定的对象延伸到指定边界，使它们精确地延伸至由其他对象定义的边界边，其过程如图 4-19 所示。延伸与修剪的操作方法相同。

单击“延伸”按钮 或选择“修改”|“延伸”命令(EXTENGD)，可以延长指定的

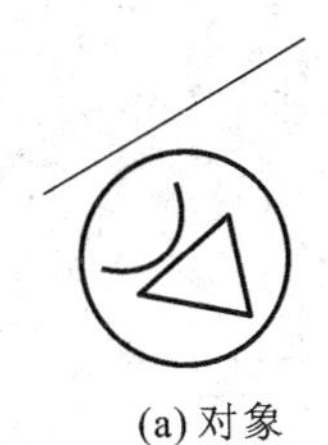

(a) 对象

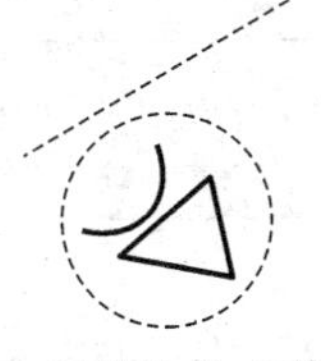

(b) 选取延伸边界（直线和圆）

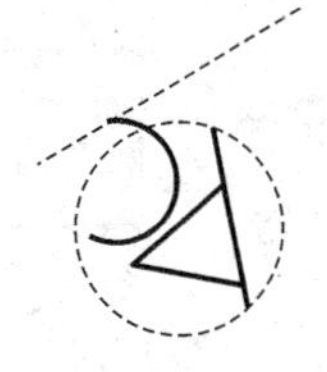

(c) 点取要延伸的对象

图 4-19　延伸对象的过程

对象与另一对象相交或外观相交。延伸命令的使用方法与修剪命令的使用方法相似。不同之处是：使用延伸命令时，如果按下 Shift 键的同时选择对象，则执行修剪命令；反之使用修剪命令时，如果按下 Shift 键的同时选择对象，则执行延伸命令。

若延伸对象是样条曲线，则样条曲线会保留原始部分的形状，但延伸部分是线性的并相切于原始样条曲线的结束位置，如图 4-20 所示。

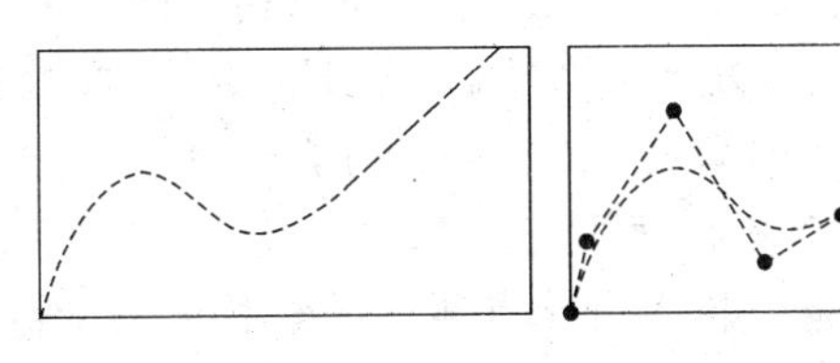

图 4-20　延伸样条曲线

修剪或延伸多段线时，是在二维宽多段线的中心线上进行修剪和延伸的。宽多段线的端点始终是正方形的。注意，以某一角度修剪宽多段线会导致端点部分延伸出剪切边。

如果修剪或延伸锥形的二维多段线线段，请更改延伸末端的宽度以将原锥形延长到新端点。如果此修剪给该线段指定一个负的末端宽度，则末端宽度被强制为 0，如图 4-21 所示。

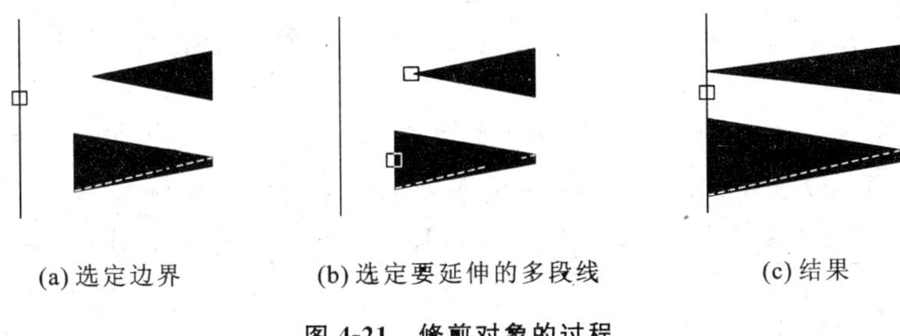

(a) 选定边界　　(b) 选定要延伸的多段线　　(c) 结果

图 4-21　修剪对象的过程

10. 拉长对象

拉长可以更改对象的长度和圆弧的包含角。通常是更改图元为指定的百分比、增量或最终长度或角度，如图 4-22 所示。

选择“修改”|“拉长”命令(LENGTHEN)，可修改线段或者圆弧的长度。执行拉

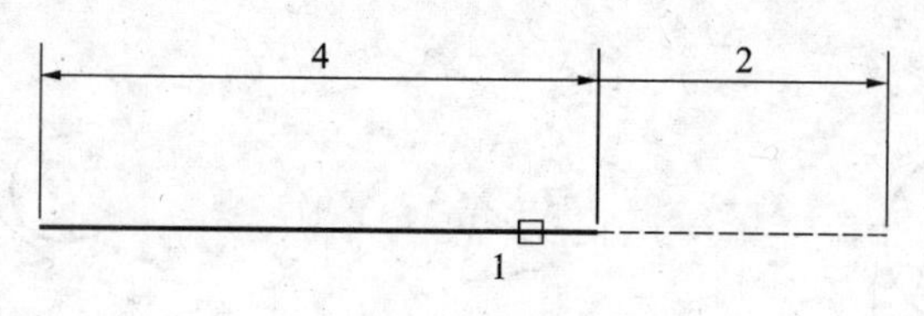

图 4-22　拉长对象

长命令时，系统提示的信息是：

LENGTHEN 选择对象或[增量(DE) 百分数(P) 全部(T) 动态(DY)]：

默认情况下，选择对象后，系统会显示当前选中对象的长度和包角等信息。

单击按钮增量(DE)，可以选择是长度差值或角度增量，默认的是长度差值。长度差值以指定的增量修改对象的长度，角度增量是以指定的角度修改选定圆弧的包含角。

输入增量值，再选择需要增长的对象，则对象以指定的增量修改对象的长度，该增量从距离选择点最近的端点处开始测量。差值还以指定的增量修改圆弧的角度，该增量从距离选择点最近的端点处开始测量。正值扩展对象，负值修剪对象。

单击按钮百分数(P)，输入对象为原对象长度的百分比，再选取需要修改的对象，则按总长度的百分数修改对象长度。

单击按钮全部(T)，通过指定从固定端点测量的总长度的绝对值来设定选定对象的长度。"全部"选项也按照指定的总角度设置选定圆弧的包含角，如图 4-23 所示。

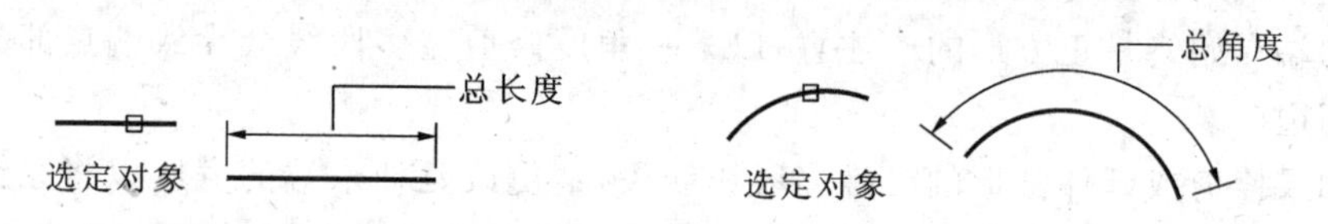

图 4-23　设定选定对象的长度及角度

单击按钮动态(DY)，则打开了动态拖动模式。通过拖动选定对象的端点之一可更改其长度，其他端点保持不变。它允许动态地改变圆弧或者直线的长度。

11. 打断

"打断于点"命令是指在某个点处打断选定的对象，如图 4-24 所示。有效对象有直线、开放的多段线和圆弧。不能在一点处打断闭合对象(如圆)。

打断是指在对象上的两个指定点之间创建间隔，从而将一个对象打断为两个对象，如图 4-25 所示。

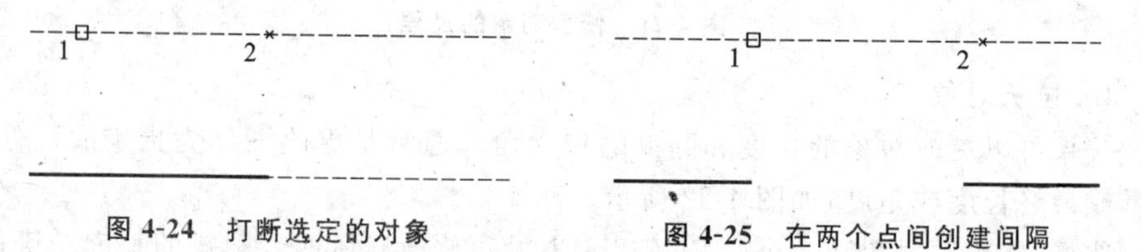

图 4-24　打断选定的对象　　图 4-25　在两个点间创建间隔

选择“修改”|“打断于点”命令或单击按钮，可将对象在一点处打断成两个对象。执行该命令时，选择需要被打断的对象，然后指定打断点，即可从该点打断对象。

选择“修改”|“打断”命令(BREAK)或单击按钮，选择需要打断的对象，系统提示：

BREAK 指定第二个打断点或第一点(P)

在默认情况下，以选择对象时确定的拾取点作为第一个断点，再指定第二个断点后，系统将对象分解成两部分。如第二个断点在对象上，则删除两断点之间的部分；如断点没在对象上，则删除对象位于第二断点同侧的一段。如在输入第二断点点前，在命令行输入@，可以使第一个、第二个断点重合，相当于命令“打断于点”。如果选择“第一点(F)”选项，可以重新确定第一个断点。

12. 合并

合并是指将直线、圆弧、椭圆弧、多段线、三维多段线、样条曲线和螺旋线通过其端点合并成一个完整的对象。但构造线、射线和闭合的对象是不能合并的。其特点如下。

(1) 源对象为一条直线时，直线对象必须共线(位于同一无限长的直线上)，但是它们之间可以有间隙。

(2) 源对象为一条开放的多段线时，对象可以是直线、多段线或圆弧，对象之间不能有间隙，并且必须位于与 UCS 的 XY 平面平行的同一平面上。生成的对象为单条多段线。

(3) 源对象为一条圆弧时，所有的圆弧对象必须具有相同的半径和中心点，但是它们之间可以有间隙，且从源圆弧按逆时针方向合并圆弧。“闭合”选项可将源圆弧转换成圆。

(4) 源对象为一条椭圆弧时，椭圆弧必须共面且具有相同的主轴和次轴，但是它们之间可以有间隙。注意，合并两条或多条椭圆弧时，将从源对象开始按逆时针方向合并椭圆弧。“闭合”选项可将源椭圆弧转换为椭圆。

(5) 源对象为一条开放的样条曲线时，样条曲线对象可以不在平面内，但是必须首尾相邻(端点到端点放置)。结果对象是单个样条曲线。

合并操作的结果因选定对象的不同而相异。典型的应用程序包括：

(1) 使用单条线替换两条共线；

(2) 闭合由 BREAK 命令产生的线中的间隙；

(3) 将圆弧转换为圆或将椭圆弧转换为椭圆，要访问“闭合”选项，请选择单个圆弧或椭圆弧；

(4) 在地形图中合并多个长多段线；

(5) 连接两个样条曲线，在它们之间保留扭曲。

通常情况下，连接端对端接触但不在同一平面的对象会产生三维多段线和样条曲线。

选择“修改”|“合并”命令(JOIN)或单击按钮 ，系统提示：

JOIN 选择源对象或要一次合并的多个对象：

选择需要合并的另一部分对象，按 Enter 键，可将这些对象合并。若选择一段圆弧后，按鼠标右键，则系统提示：

JOIN 选择圆弧，以合并到源或进行[闭合(L)]：

此时，可以单击按钮闭合(L)或输入“L”，得到一个完整的圆。

使用 PEDIT 命令的“合并”选项来将一系列直线、圆弧和多段线合并为单个多段线，与 JOIN 的功能一样。

13. 倒角与倒圆

1) 倒角

倒角是指使用成角的直线连接两个对象，使它们以平角或倒角相接，如图 4-26 所示。可以倒角的对象有直线、多段线、射线和构造线等。

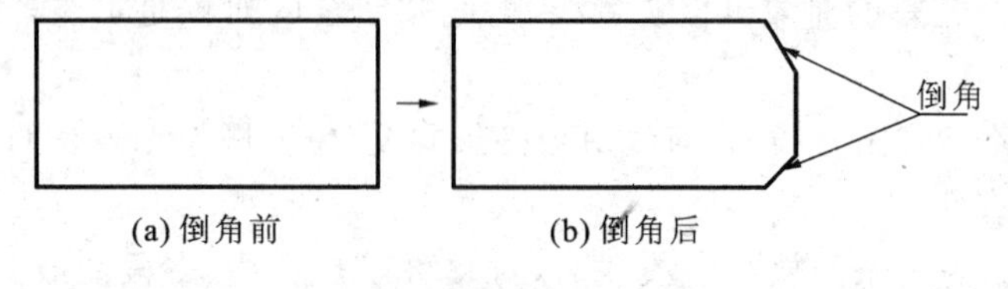

(a) 倒角前　　(b) 倒角后

图 4-26　倒角

选择“修改”|“倒角”命令(CHAMFER)或单击按钮 ，系统提示：

(“修剪”模式)当前倒角距离 1＝0.0000，距离 2＝ 0.000

CHAMFER 选择第一条直线或[放弃(U) 多段线(P) 距离(D) 角度(A) 修剪(T) 方式(E) 多个(M)]：

单击按钮距离(D)，分别输入第一条边、第二条边的距离，即设定倒角至选定边端点的距离，如图 4-27 所示的边距为 2 和 1，若将两个距离均设定为零，CHAMFER 将延伸或修剪两条直线，以使它们终止于同一点。

若单击按钮角度(A)，则用第一条线的倒角距离和第二条线的角度设定倒角距离，如图 4-28 所示。

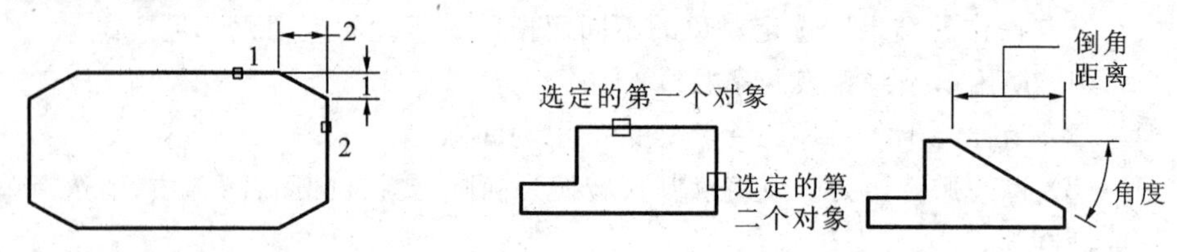

图 4-27　设定倒角至选定边端点的距离　　图 4-28　设定倒角距离

若选择第一条直线，再选择第二条直线，则在两直线的交点处修一倒角。

若单击按钮多段线(P)，再选择一多段线，则对整个二维多段线倒角，即相交多段线线段在每个多段线顶点被倒角，且倒角成为多段线的新线段，如图 4-29 所示。

如果多段线包含的线段过短以至于无法容纳倒角距离，则不能对这些线段进行倒角。

图 4-29　对整个二维多段线倒角

若单击按钮修剪(T)，系统弹出绘制倒角时是否将选定的边修剪到倒角直线的端点。若选修剪会将相交的直线修剪至倒角直线的端点，将延伸或修剪这些直线，使它们相交。若选不修剪则创建倒角而不修剪选定的直线，如图 4-30 所示。

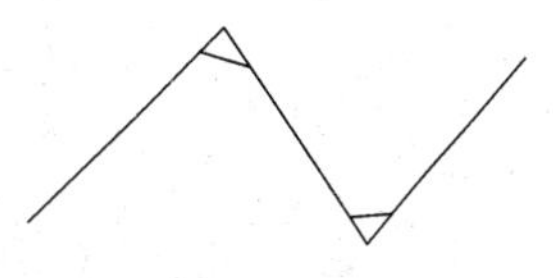

图 4-30　不修剪的倒角

若单击按钮方式(E)，则可以控制倒角时使用两个距离还是一个距离还是使用一个角度来创建倒角。

若单击按钮多个(M)，则可以为多组对象的边倒角，而无需退出命令。

若单击按钮放弃(U)，可恢复在命令中执行的上一个操作。

2）倒圆

倒圆是指在两对象之间加一个圆角，创建的圆弧与选定的两条对象均相切，且对象被修剪到圆弧的两端，如图 4-31 所示。要创建一个锐角转角，请输入零作为半径。

可以倒圆的对象有圆弧、圆、椭圆、椭圆弧、直线、多段线、射线、样条曲线和构造线等。

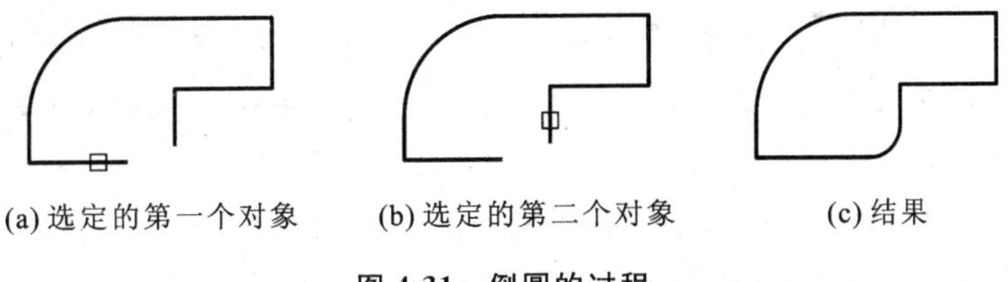

图 4-31　倒圆的过程

选择“修改”|“倒圆”命令(FILLET)或单击按钮，系统提示：

当前设置：模式＝不修剪，半径 ＝ 0.0000

FILLET 选择第一个对象或[放弃(U)　多段线(P)　半径(R)　修剪(T)　多个(M)]：

若是第一次使用该功能，则系统默认的圆角半径是 0，可以单击按钮半径(R)，设置圆角半径的值。

依次选择两对象，则可在它们之间绘制一相切的圆弧。

若单击按钮修剪(T)，系统弹出绘制倒角时是否将选定的边修剪端点的选项。若选修剪，会将相交的直线修剪至倒角直线的端点，将延伸或修剪这些直线，使它们相交；若选不修剪，则创建的倒角而不修剪选定的直线。

若单击按钮多段线(P),再选择一多段线,则对整个二维多段线倒圆。如果一条圆弧段将汇聚于该圆弧段的两条直线段分开,则执行倒圆将删除该圆弧段并代之以圆角圆弧,如图 4-32 所示。

(a) 倒圆前　　(b) 倒圆后

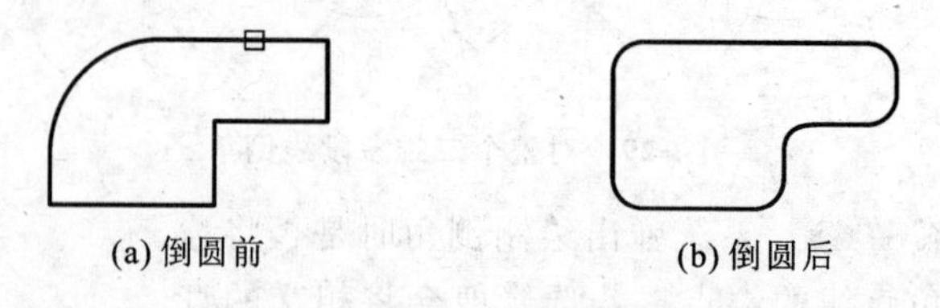

图 4-32　对整个二维多段线倒圆

若单击按钮多个(M),则可以为多组对象的边倒圆而不退出倒圆操作。

若单击按钮放弃(U),可恢复在命令中执行的上一个操作。

在选择需要倒圆的两对象时,鼠标选中的部位不同,圆角的绘制也会不一样,分别如图 4-33、图 4-34 所示。

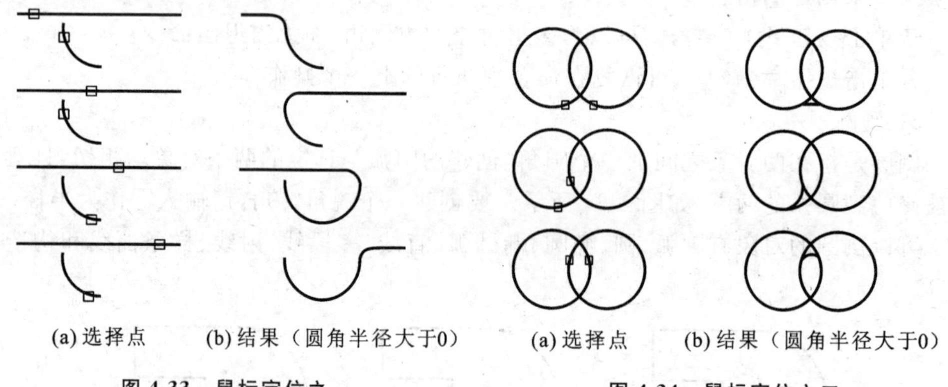

(a) 选择点　　(b) 结果(圆角半径大于0)

图 4-33　鼠标定位之一

(a) 选择点　　(b) 结果(圆角半径大于0)

图 4-34　鼠标定位之二

14. 分解

分解是指将块、多段线及面域等复合对象打散成单个的对象。这样可以单独修改复合对象的部件,分解前与分解后的区别如图 4-35 所示。

选择"修改"|"分解"命令(EXPLODE)或单击按钮,选择要分解的对象(如多段线)按 Enter 后,对象分解并解除命令。

(a) 分解前　　(b) 分解后

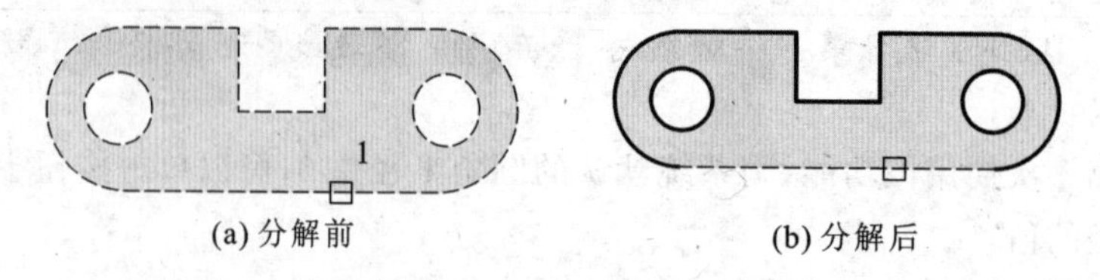

图 4-35　分解前后的区别

若分解二维多段线,则将放弃所有关联的宽度或切线信息,对于宽多段线,将沿多段线中心放置结果直线和圆弧,如图 4-36 所示。

(a) 分解前　　(b) 分解后

图 4-36　对于宽多段线的分解

若是三维多段线，则分解成直线段。为三维多段线指定的线型将应用到每一个得到的线段。

若是三维实体，则将平整面分解成面域，将非平整面分解成曲面。

若是注释性对象，则将当前比例图示分解为构成该图示的组件(已不再是注释性)。已删除其他比例图示。

若是圆弧且位于非一致比例的块内，则分解为椭圆弧。

若是阵列，则将关联阵列分解为原始对象的副本。

若是三维的体，则将该体分解成一个单一表面的体(非平面表面)、面域或曲线。

若是圆，且如果位于非一致比例的块内，则分解为椭圆。

若是引线，则根据引线的不同，可分解成直线、样条曲线、实体(箭头)、块插入(箭头、注释块)、多行文字或公差对象。

若是网格对象，则将每个面分解成独立的三维面对象，并将保留指定的颜色和材质。

若为多行文字，则分解成文字对象。

若是面域，则将该面域分解成直线、圆弧或样条曲线。

15. 光滑曲线

光滑曲线可以在两条选定直线或曲线之间的间隙中创建样条曲线，如图 4-37 所示。

图 4-37　光滑两对象

选择“修改”面板|“光滑曲线”或单击按钮，系统提示：

BLEND 选择第一个对象或[连续性(CON)]：

单击按钮连续性(CON)，可以设置添加的曲线的连续性，若选择相切，则创建一条 3 阶样条曲线，在选定对象的端点处具有相切 (G1) 连续性。若选择平滑，则创建一条 5 阶样条曲线，在选定对象的端点处具有曲率 (G2) 连续性。如果使用“平滑”选项，请勿将显示从控制点切换为拟合点。此操作会将样条曲线更改为 3 阶，这会改变样条曲线的形状。

再选择要光滑连接的两对象，即可在它们之间生成一条样条曲线。

16. 对齐对象

对齐是指在二维和三维空间中将对象与其他对象对齐。它可以是指定一对、两对或三对源点和定义点以移动、旋转或倾斜选定的对象的方式，将它们与其他对象上的点对齐，如图 4-38 所示。

选择“修改”|“三维操作”|“对齐”命令(ALIGN)。可以使当前对象与其他对象对齐，它既适用于二维对象，也适用于三维对象。

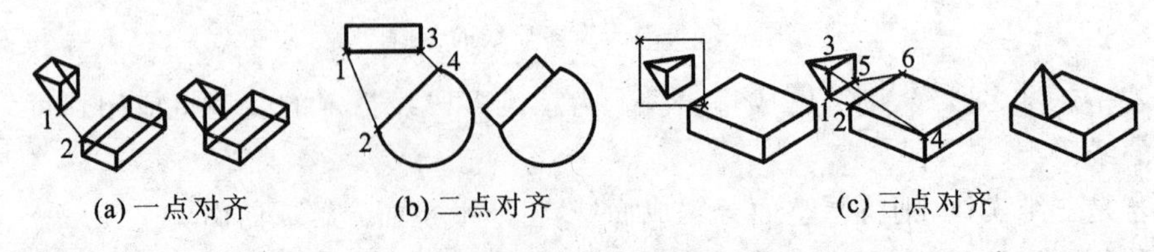

(a) 一点对齐　(b) 二点对齐　(c) 三点对齐

图 4-38　对齐操作

执行对齐对象命令时，系统提示：“是否基于对齐点缩放对象？[是(Y)/(N)]＜否＞：”。若选择的是“否(N)”选项，则对象改变位置，且对象的第一源点与第一目标点重合，第二源点位于第一目标点与第二目标点的连线上，即对象先平移，后旋转；若选择“是(Y)”选项，则对象除平移和旋转外，还基于对齐点进行缩放。由此可见，“对齐”命令是“移动”命令和“旋转”命令的组合。

4.4　编辑对象特征

对象特征包含一般特征和几何特征，一般特征包括对象的颜色、线型、图层及线宽等，几何特征包括对象的尺寸和位置。一般可用以下几种方式修改对象的特征。

1. 特征匹配

特征匹配是指将对象的特征应用到其他对象上，它包括的特征有：颜色、图层、线型、线型比例、线宽、打印样式、透明度和其他指定的特征。在某些情况下还可以复制尺寸标注、文本和阴影图案等。

选择“修改”|“特征匹配”命令(MATCHPROP)或单击按钮，选中选择源对象后，系统提示：

选择源对象：
当前活动设置：颜色 图层 线型 线型比例 线宽 透明度 厚度 打印样式 标注 文字 图案填充 多段线 视口 表格材质 阴影显示 多重引线

MATCHPROP 选择目标对象或[设置(S)]：

此时绘图窗口中的鼠标变为形状，如果再选择目标对象，可将源对象的某些或所有特征复制到目标对象中。

单击按钮设置(S)，弹出如图 4-39 所示的“特征设置”对话框，可设置需要匹配的特征。

2. 直接修改

在“特征”选项板中可直接设置和修改对象的特征。

图 4-39　“特征设置”对话框

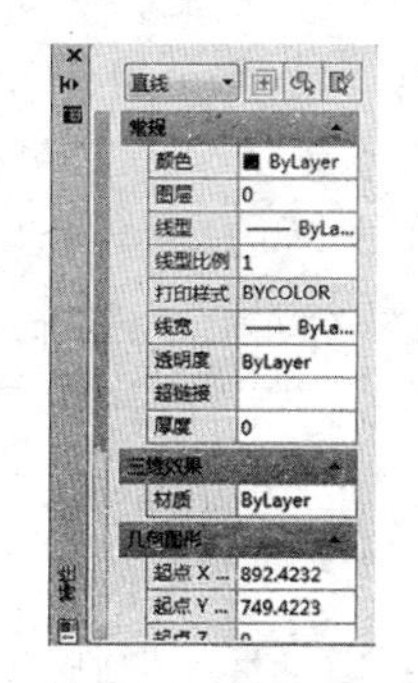

图 4-40　“特征”选项板

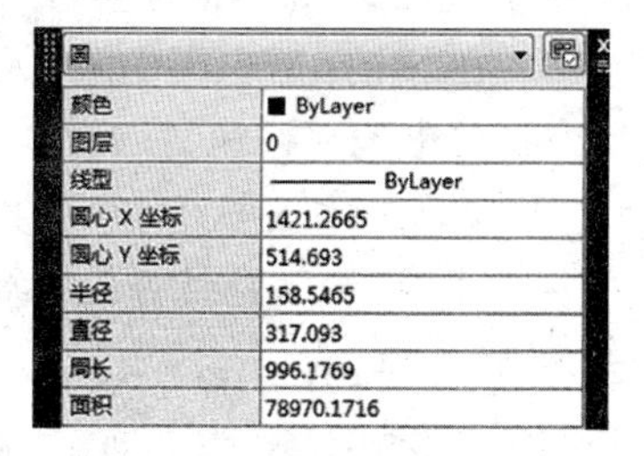

图 4-41　单个对象的特征

选择“修改”|“特征”命令，可以打开“特征”选项板；或选中需要修改特征的对象，再单击鼠标右键，在弹出的快捷菜单中，选中“特征”，如图 4-40 所示。“特征”选项板中显示了当前选择集中对象的所有特征和特征值，当选中多个对象时，将显示它们的共有特征。可以通过它浏览、修改对象的相关特征。

在“特征”选项板的标题栏上单击鼠标右键，将弹出一个快捷菜单。它可以设置是否隐藏选项板、是否在选项板内显示特征的说明部分，以及是否将选项板锁定在主窗口中。

也可以双击需要特征的对象，此时可弹出该对象的特征对话框，如图 4-41 所示。该对话框也是开放的，可以根据需要修改该单个对象的特征。

4.5　二维平面图形绘制示例

现以绘制如图 4-42 所示的图形为例，说明绘制平面图形步骤。

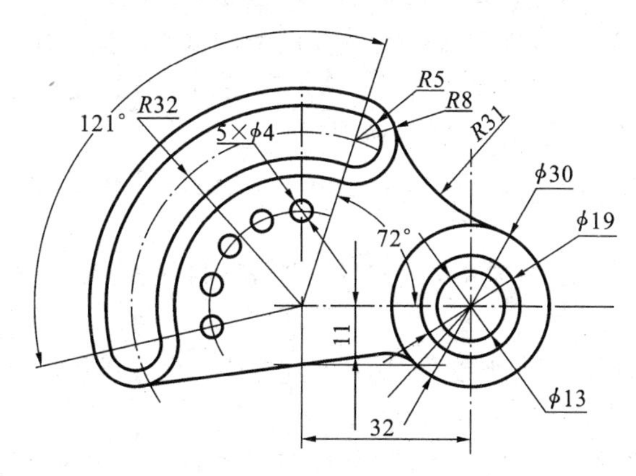

图 4-42　平面图形的绘制

(1) 分析　该平面图形用到的线型有两种：点画线和粗实线。图中 5 个直径为 4 的圆在 98°范围内均布，环槽的定位角度是 72°和 193°，另外还有圆弧连接。

(2) 设定图层　单击“图层管理器”按钮，在弹出的对话框中，加载“中心线”线型,新建中心线的“图层 1”,“图层 0”设为线宽 0.3 mm 的粗实线。

(3) 绘制平面图形的基准线。

① 在“图层 1”中画作图的基准线,如图 4-43(a)所示;

② 单击偏移按钮 ,设置偏移距离为 32,绘制环槽的定位线;

③ 将光标移至状态栏中的“极轴追踪”按钮上,单击鼠标右键,在弹出的下拉菜单中,选中“设置”,系统弹出“草图设置”对话框,在“极轴追踪”选项卡中,添加 72°和 193°的附加角;

④ 在状态栏中按下动态输入按钮 ,绘制环形槽的两个斜线和半径为 32 的圆弧,如图 4-43(b)所示。

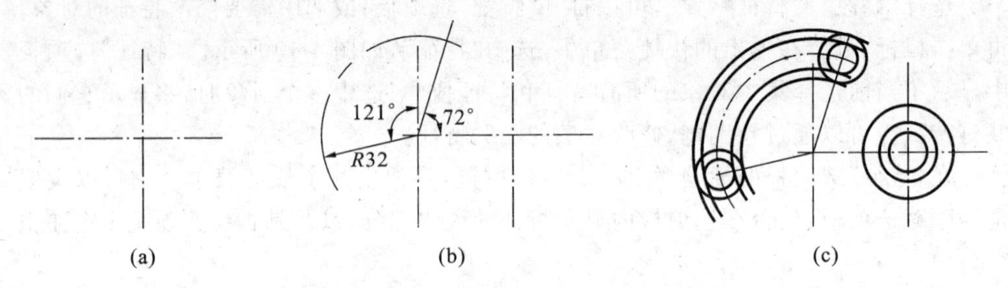

图 4-43 绘制基准线、定位线、附加角及圆弧

(4) 将当前图层设为粗实线图层 0,按照尺寸分别绘制右边的三个圆。

(5) 分别绘制半径为 5 和 8 的圆。

(6) 将半径为 32 的点画线分别偏移 5 和 8。

① 单击偏移按钮 ,在状态栏中单击图层按钮图层(L),并选择“当前(C)”;

② 设置偏移量为 5,分别在 R32 的圆弧两侧偏移圆弧;

③ 设置偏移量为 8,分别在 R32 的圆弧的两侧偏移圆弧,如图 4-43(c)所示。

(7) 单击修剪按钮 ,修剪环槽上多余的线条,其中修剪的边界可以用开窗方式选中 5 段圆弧和 5 个圆,如图 4-43(c)所示。

(8) 单击圆角按钮 ,设置圆角半径为 31,再选取 $\phi30$ 和 R8 的对象,绘制 R31 的连接弧。

(9) 单击偏移按钮 ,将偏移距离设为 11,绘制下方的定位线,如图 4-44(a)所示。

(10) 将当前图层设为点画线的“图层 1”,再从 $\phi30$ 的圆心开始绘制直线,另一端点为直线与圆的交点,如图 4-44(a)所示。

(11) 选择菜单“修改”|“拉长”,单击状态栏中的增量按钮增量(DE),将增量设为 8,再选中刚画的直线,该直线的端点就是下方 R8 圆弧的圆心。

(12) 将粗实线图层 1 设为当前图层。

(13) 绘制半径为 8 的圆。

(14) 将光标移至状态栏中的“极轴追踪”按钮上,单击鼠标右键,在弹出的下拉

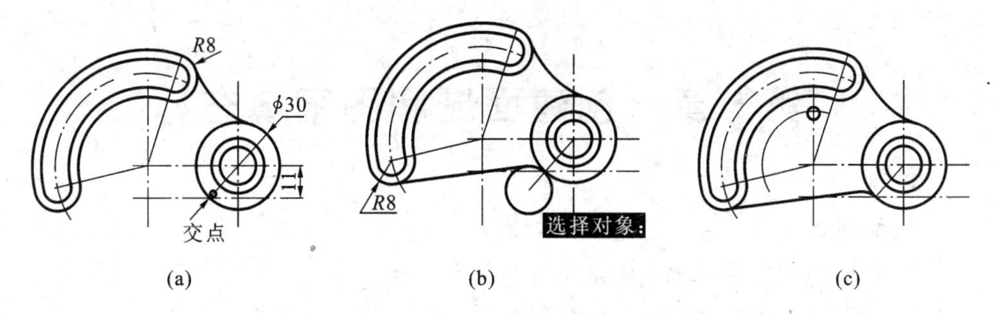

图 4-44　分别绘制 *R*31、*R*8 的圆弧以及切线和 ϕ4 的圆

菜单中，选中“设置”，系统弹出“草图设置”对话框，在“对象捕捉”选项卡中，单击“全部清除”按钮，再选择只捕捉“切点”，退出。

(15) 绘制下方与两圆相切的直线，并修剪 R8 的圆弧，其边界为直线和 ϕ30 的圆，如图 4-44(b)所示。

(16) 绘制 ϕ4 圆的定位线和 ϕ4 圆，如图 4-44(c)所示。

(17) 单击“修改”|“阵列”|“环形阵列”按钮，选取 ϕ4 的圆为阵列对象单击右键，再选取环形阵列中心后，在命令窗口单击按钮项目(I)，输入阵列的数目 5，单击按钮填充角度(F)，输入 98 回车后，按右键结束，如图 4-42 所示。

思　考　题

4-1　在 AutoCAD 中常用选择对象的方法有哪些?

4-2　“窗口”和“窗交”两种选择方式有什么不同?

4-3　如何快速选择对象?

4-4　夹点编辑分别对直线和圆弧可以进行哪些操作?

4-5　阵列与复制对象有什么区别和共同点?

4-6　环形阵列一定要在 360°范围内操作吗?

4-7　“打断”和“打断于点”有什么区别?

第 5 章　创建面域和图案填充

本章重点

(1) 掌握创建面域、对面域进行布尔运算的方法；

(2) 掌握创建和编辑图案填充的方法。

面域是指用闭合形状或环创建的没有厚度的平面实体区域，是一个二维实体对象。它与封闭的线框区别在它不仅包括面域的边界，还包括其边界内的平面，它具有面积、质心、惯性矩等物理性质。区域的边界是由二维对象围成的封闭线框，作为边界的对象可以是自身封闭的圆、椭圆、封闭的二维多段线和封闭的样条曲线等对象，也可以是由圆弧、直线、二维多段线、椭圆弧、样条曲线等对象构成的封闭区域，如图 5-1 所示。

图 5-1　构成区域的形

5.1　将图形转换成面域

1. 创建面域

创建面域有以下两种方法。

(1) 选择“绘图”|“面域”或输入命令 region 或单击“绘图”工具栏上的区域按钮，系统提示：

REGION 选择对象：

图 5-2　“边界创建”对话框

选取构成区域的对象。注意这些对象必须是闭合的，只有这样才能生成区域，否则操作失败。单击右键或 ENTER 键，退出选择。选择完，在命令提示下的消息指出检测到了多少个环以及创建了多少个面域。

(2) 用边界创建面域　选择“绘图”|“边界”，系统弹出“边界创建”对话框，如图 5-2 所示。在“边界创建”对话框的“对象类型”列表中，选择“面域”。再单击拾取点

按钮，再在闭合区域内用鼠标左键拾任意一点，此点称为内部点，最后再单击Enter键即可创建面域。创建面域的边界是根据围绕指定点构成封闭区域的现有对象。

2. 面域的布尔运算

布尔运算是数学上的逻辑运算，布尔运算适用于共面的面域和实体，一般的图形是不能进行布尔运算的。

常见的布尔运算有如图 5-3 所示的并集、差集和交集运算。

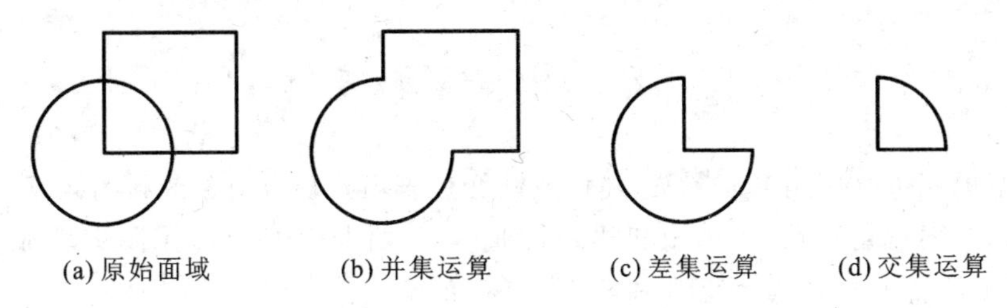

(a) 原始面域　(b) 并集运算　(c) 差集运算　(d) 交集运算

图 5-3　面域的布尔运算

选择"修改"|"实体编辑"|"差集"，系统提示选择对象(可以选择多个对象)，按鼠标右键结束选择，再选择需要减去的对象(可以是多个)，同样按鼠标右键结束选择，即完成差运算。

其中差集是从第一次选择的面域中减去第二次选择的面域。

3. 从面域中提取数据

面域对象除了具有一般图形对象的属性外，还有实体对象所具备的质量特性。

选择"工具"|"查询"|"面域"|"质量特性"或 MASSPROP 命令，系统会自动切换到"AutoCAD 文本窗口"，并从中显示选择的面域对象的质量特性，如图 5-4(b)所示的就是图 5-4(a)所示面域的质量特性。

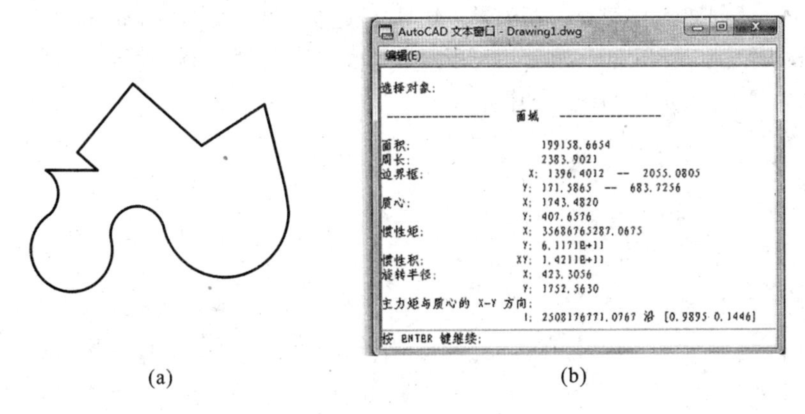

(a)　(b)

图 5-4　质量特征文本框

文本中面域的质量特征包括以下内容。

面积：实体的表面积或面域的封闭面积。

周长：面域的内环和外环的总长度，未计算实体的周长。

边界框:用于定义边界框的两个坐标。对于与当前用户坐标系的 XY 平面共面的面域,边界框由包含该面域的矩形的对角点定义;对于与当前用户坐标系的 XY 平面不共面的面域,边界框由包含该面域的三维框的对角点定义。

质心:代表面域圆心的二维或三维坐标。对于与当前用户坐标系的 XY 平面共面的面域,形心是一个二维点;对于与当前用户坐标系的 XY 平面不共面的面域,形心是一个三维点。

5.2　图案填充

图案填充可以使用填充图案、纯色或渐变色来填充现有对象或封闭区域,也可以创建新的图案填充对象,在机械和建筑行业的工程图样中,可以用图案填充一个断面,不同的零件或材料其填充的图案是不一样的。

1. 设置图案填充

选择"绘图"|"图案填充"命令(BHATCH)或单击按钮,弹出如图 5-5 所示的"图案填充及渐变色"对话框。对话框中有"图案填充"和"渐变色"两个选项卡。

在"图案填充"选项卡的"类型和图案"选项区域中,可以设置图案填充的类型、图案、颜色和背景色的。

(1) 类型选项　它用来设置是用预定义的图案填充、还是用用户定义的图案填充,或是用自定义的图案填充。

预定义的图案是程序提供的,用户定义的图案则基于图形中的当前线型。自定义图案是在任何自定义 PAT 文件中定义的图案,这些文件已添加到搜索路径中。

(2) 图案选项　图案选项中显示选择的 ANSI、ISO 和其他行业标准填充图案。选择"实体"可创建实体填充。只有将"类型"设定为"预定义","图案"选项才可用。

单击按钮[...],可以显示如图 5-6 所示的"填充图案选项板"对话框,在该对话框中可以预览所有预定义的图案的图像。

图 5-5　"图案填充和渐变色"对话框

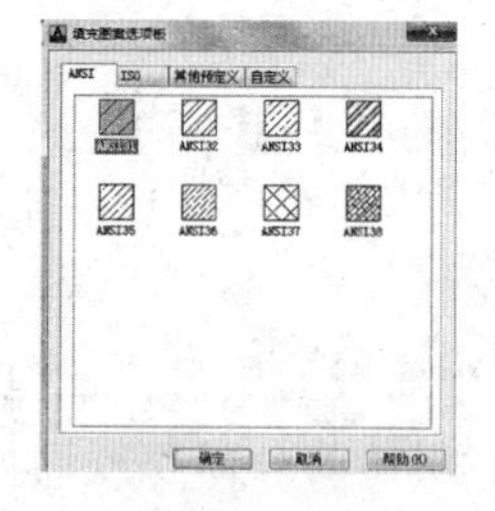

图 5-6　"填充图案选项板"对话框

(3) 颜色选项　颜色选项可以设置使用填充图案和实体填充的指定颜色替代当前颜色。(HPCOLOR 系统变量)单击背景色按钮为新图案填充对象指定背景色。选择“无”可关闭背景色。

(4) 样例选项　样例选项是用来显示选定图案的预览图像。单击样例可显示“填充图案选项板”对话框。

(5) 自定义图案选项　若类型选项选择的是自定义列出可用的自定义图案，最近使用的自定义图案将出现在列表顶部。只有将“类型”设定为“自定义”，“自定义图案”选项才可用。

单击按钮，则显示“填充图案选项板”对话框，在该对话框中可以预览所有自定义图案的图像。

2. 角度和比例

在“图案填充”选项卡的“角度和比例”选项区域中，可以设置图案填充的角度和比例等参数。

(1) “角度”选项是用来设置填充的图案旋转角度，每种图案在定义时的旋转角度为 0。

(2) “比例”选项是设置图案填充时的比例值。每种图案在定义时的初始比例为 1，可以根据需要放大或缩小。

(3)若将“类型”设定为“用户定义”，可使用 “双向”选项，它将绘制与原始直线成 90°角的另一组直线，从而构成交叉线。

(4) “相对图纸空间”选项是相对于图纸空间单位缩放填充图案。使用此选项可以按适合于命名布局的比例显示填充图案。该选项仅适用于命名布局。

(5) “间距”选项是设定用户定义图案中的直线间距。只有将“类型”设定为“用户定义”，此选项才可用。

(6) “ISO 笔宽”选项是基于选定笔宽缩放 ISO 预定义图案。只有将“类型”设定为“预定义”，并将“图案”设定为一种可用的 ISO 图案，此选项才可用。

3. 图案填充原点

在“图案填充”选项卡的“图案填充原点”选项区域中，可以设置控制填充图案生成的起始位置。某些图案填充(如砖块图案等)需要与图案填充边界上的一点对齐。默认情况下，所有图案填充原点都对应于当前的 UCS 原点。

(1) “使用当前原点”选项是使用存储在 HPORIGIN 系统变量中的图案填充原点。

(2) “指定的原点”选项是使用以下选项指定新的图案填充原点。

(3) “单击以设置新原点”选项是直接指定新的图案填充原点。

(4) “默认为边界范围”选项是根据图案填充对象边界的矩形范围计算新原点。可以选择该范围的四个角点及其中心。(HPORIGINMODE 系统变量)

(5) “存储为默认原点”选项是将新图案填充原点的值存储在 HPORIGIN 系统变量中。

4. 边界

在“图案填充”选项卡的“边界”选项区域中，可以设置需要填充的区域。

(1) 单击“拾取点”按钮，系统切换到绘图窗口，可以在需要填充的区域内任意指定一点，系统会自动拾取包围该点的封闭填充边界，同时亮显该边界。若在拾取点后系统不能形成封闭的填充边界，系统会显示错误。

(2) 单击“选择对象”按钮，系统切换到绘图窗口，可以通过选择对象的方式来定义填充区域的边界。

也可以单击相关的按钮，删除已选择的边界，或重新定义填充的边界等。

例 5-1　填充如图 5-7 所示的图案。

解　其操作步骤如下：

(1) 单击填充按钮，在“图案”下拉列表框后面的按钮，打开“填充图案选项板”对话框，在“其他预定义”选项卡中选择“ANSI31”选项，然后单击“确定”按钮；

(2) 在“角度与比例选项”中，设置角度为 0，设置比例为 2；

(3) 在“边界”选项中，单击拾取点按钮，在绘图界面里，拾取要填充区域中的任意一点，选择填充区域，如图 5-8 所示；

(4) 单击 Enter 键或鼠标右键，返回到“图案填充及渐变色”对话框，单击“确定”按钮，则填充效果如图 5-7 所示。

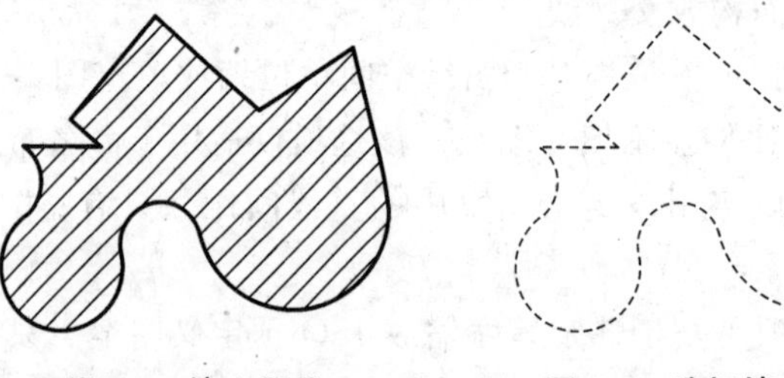

图 5-7　填充图线　　　　**图 5-8　选择填充区域**

5.3　设置孤岛

位于图案填充边界内的封闭区域或文字对象称为孤岛。孤岛检测的三种显示样式（普通、外部、忽略）比较如下。

单击“图案填充和渐变色”对话框右下角的按钮，将显示更多的选项，如设置孤岛和边界保留等信息，如图 5-9 所示。可以选中“孤岛检测”复选框，再指定在最外层边界内填充对象的方法，上述三种不同显示样式分别如图 5-10(d)、(e)、(f)所示。

在“边界保留”选项区域中，若选中“保留边界”复选框，可将填充边界一对象的形式保留。

在“边界集”选项区域中，可以定义填充边界的对象集，系统可以根据这些对象来确定填充边界。

在“允许的间隙”选项区域中，通过“公差”文本框设置允许的间隙大小。

“继承特性”选项区域用于确定在使用继承属性创建图案填充时图案填充原点的位置，可以是当前原点或源图案填充的原点。

图 5-9　展开的“图案填充和渐变色”对话框

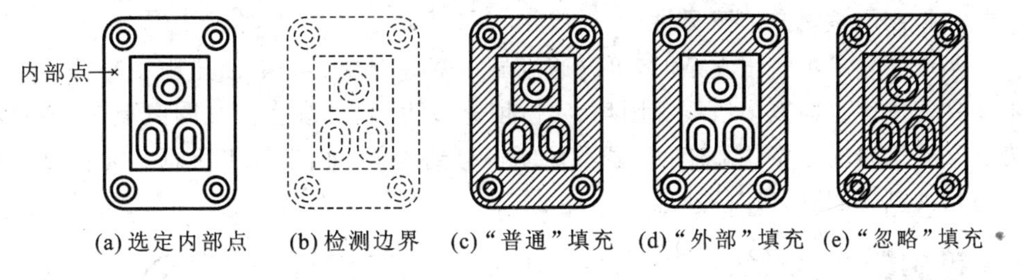

(a) 选定内部点　(b) 检测边界　(c)“普通”填充　(d)“外部”填充　(e)“忽略”填充

图 5-10　孤岛的三种不同方式填充结果

5.4　渐变色填充

单击渐变色填充按钮 或单击“图案填充和渐变色”对话框中的“渐变色”标签，AutoCAD 切换到“渐变色”选项卡。该选项卡用于以渐变方式实现填充。

在“颜色”选项区域中，可以指定是使用单色还是两种颜色之间平滑过渡的双色渐变填充。单击“单色”按钮，则用一种颜色填充；单击“双色”按钮则以两种颜色填充。

颜色样例中显示渐变填充的颜色(可以是一种颜色,也可以是两种颜色)。单击浏览按钮[...]可以显示“选择颜色”对话框,从中可以选择 AutoCAD 颜色索引(ACI)颜色、真彩色或配色系统颜色。

“渐变图案”选项区显示用于渐变填充的固定图案,这些图案包括线性扫掠状、球状和抛物面状图案。

“方向”选项区用来指定渐变色的角度以及其是否对称。

“居中”选项区用来指定对称渐变色配置。如果没有选定此选项,渐变填充将朝左上方变化,创建光源在对象左边的图案。

“角度”选项区用来指定渐变填充的角度。相对当前 UCS 指定角度。此选项与指定给图案填充的角度互不影响。

5.5 编辑图案

1. 修改图案的样式

单击“修改Ⅱ”工具栏的“编辑图案填充”按钮,或选择“修改”|“对象”|“图案填充”命令 HATCHEDIT,选择已有的填充图案,或选中填充的图案后单击鼠标右键,在其下拉菜单中选取“编辑图案填充”后,弹出类似于图 5-9 所示的“图案填充编辑”对话框。它可以对填充图案、填充比例、旋转角度等操作等进行更改。

若填充的图案是关联填充的,通过夹点功能改变填充边界后,系统会根据边界的新位置重新生成填充图案。

2. 控制图案填充的可见性

当图形对象很多很复杂时,可以通过显示某些对象类型的简化版本来提高大图形文件的速度。即宽多段线和圆环、实体填充多边形(二维实体)、图案填充、渐变填充和文字均以简化格式显示时,显示性能将得到改善,如图 5-11 所示。简化显示也可以增加创建测试打印的速度。

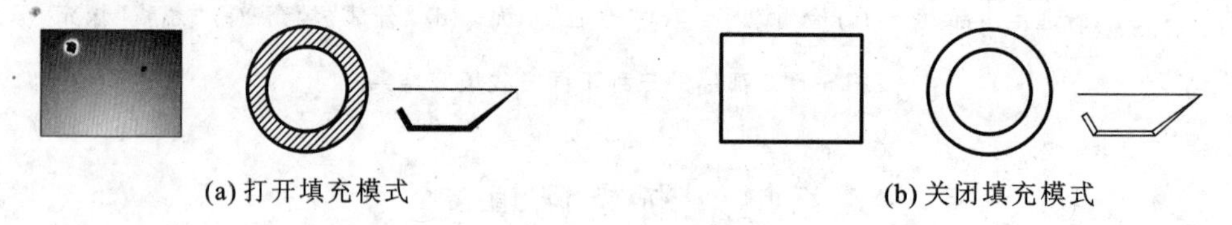

(a) 打开填充模式　　(b) 关闭填充模式

图 5-11　填充两种显示模式

关闭“填充”模式时,列出的对象将以轮廓的形式显示。除图案填充和渐变填充外,对于隐藏视图和三维视图,实体填充会自动关闭。

图案填充的可见性是通过命令 FILL 或系统变量 FILLMODE 或图层来控制的。

(1) 使用 FILL 命令或 FILLMODE 变量控制　在命令行输入 fill,系统提示:

FILL 输入模式[开(ON) 关(OFF)]〈开〉:

单击按钮开(ON)，则显示填充图案。

单击按钮关(OFF)，则不显示填充的图案。

变量 FILLMODE 为 0，则隐藏图案，为 1 则显示图案。

(2)通过图层控制　可以为填充设置一个专门的图层，在填充图案之间，将该图层设为当前图层，这样图案填充就位于单独的图层上，可以通过冻结或关闭该图层已达到是否显示图案的目的。

思　考　题

5-1　面域的三种布尔运算是什么？请简述其特点。

5-2　面域是实体对象吗？

5-3　机械行业剖面符号的填充如何设置？

5-4　如何控制图案填充的可见性？

第 6 章　文字与表格

本章重点

(1) 掌握文字样式的创建方法；

(2) 掌握单行与多行文字的创建和编辑方法；

(3) 掌握表格样式的创建方法。

工程图样由图形、符号、文字和数字等元素组成，是表达设计意图、制造要求及交流经验的技术文件，常被称为工程界的语言。为了使图形易于阅读，图形中一般都会增加一些注释性说明。因此文字对象是图样中很重要的图形元素。在 AutoCAD 中，所有文字都有与之相关联的文字样式。在创建文字注释和尺寸标注时，系统通常使用当前或默认的文字样式。用户也可以设置其他的文字样式。另外，还可以通过表格功能创建不同类型的表格。

6.1　创建文字样式

文字的大多数特征是由文字样式控制的。文字样式中已设置默认字体样式 STANDARD 和其他选项，如字体、字高、效果等。在多行文字对象中，可以通过将格式(如下划线、粗体和不同的字体等)应用到单个字符来替代当前文字样式。还可以创建堆叠文字(如分数或形位公差等)并插入特殊字符，包括用于 TrueType 字体的 Unicode 字符。

1. 设置样式名和字体

选择"格式"|"文字样式"命令，系统弹出如图 6-1 所示的"文字样式"对话框，它可以设置文字的字体、字型、高度、宽度、倾斜度等参数。

图 6-1　设置"文字样式"对话框

系统默认的文字样式是 STANDARD，单击对话框中的按钮 新建(N)... ，在弹出的对话框中输入新样式的名称后，按“确定”键，就可设置新样式的名称。

在“字体”选项区域中，可以更改样式的字体。如果更改现有文字样式的方向或字体文件，当图形重生成时所有具有该样式的文字对象都将使用新值。

“字体名”中列了 Fonts 文件夹中所有注册的 TrueType 字体和所有编译的形(SHX) 字体的字体族名。从列表中选择名称后，该程序将读取指定字体的文件。除非文件已经由另一个文字样式使用，否则将自动加载该文件的字符定义。可以定义使用同样字体的多个样式。

“字体样式”中可以指定字体格式，如斜体、粗体及常规字体等。选定“使用大字体”后，该选项变为“大字体”，用于选择大字体文件。

选中“使用大字体”则指定亚洲语言的大字体文件。只有 SHX 文件可以创建“大字体”。在“大小”选项区域中，可以更改文字的大小。

“注释性”用来指定文字的注释性。单击信息图标可了解关于注释性对象的详细信息。

“使文字方向与布局匹配”用来指定图纸空间视口中的文字方向与布局方向相匹配。如果未选择“注释性”选项，则该选项不可用。

“高度或图样文字高度”是根据输入的值设置文字高度。输入大于 0 的高度将自动为此样式设置文字高度。如果输入 0，则文字高度将默认为上次使用的文字高度，或使用存储在图形样板文件中的值。

在相同的高度设置下，TrueType 字体显示的高度可能会小于 SHX 字体。如果选择了注释性选项，则输入的值将设置图纸空间中的文字高度。

国家标准中规定图样中的字体的高度(用 h 表示)的公称尺寸系列为 1.8，2.5，3.5，5，7，10，14，20 mm，其中字体高度代表字体的号数。

汉字应写成长仿宋体，并应采用国家正式公布推行的简化字。汉字的高度不应小于 3.5 mm，其字宽一般为字高的 2/3。

数字和字母有直体和斜体两种。一般采用斜体，斜体字字头向右倾斜，与水平线约成 75°角。在同一图样上，只允许选用一种形式的字体。

为了满足制图要求，使标注的数字、字母和汉字都符合国家标准，系统提供了字体形文件 gbenor. shx(为斜体)、gbeite. shx(为直体)和 gbcbig. shx(标注中文)。使用系统默认的文字样式标注文字时，标注出的汉字是长仿宋体字，但字母和数字则是由 txt. shx 定义的字体，不完全满足制图的要求，为了满足图样要求，应该将文字字体设置为 gbenor. shx 或 gbeite. shx。

2. 设置文字效果

在“文字样式”对话框中，使用“效果”选项区中的选项，可以设置文字的显示效果，如高度、宽度因子、倾斜角，以及是否颠倒显示、反向或垂直对齐等。

“颠倒”选项可以设置颠倒显示字符的方法。

“反向”选项可反向显示字符。

“垂直”选项可显示垂直对齐的字符。只有在选定字体支持双向时“垂直”才可用。TrueType 字体的垂直定位不可用。

“宽度因子”选项可设置字符间距。输入值小于 1 时，字体变窄。输入值大于 1 时，字体变宽。

“倾斜角度”选项可设置文字的倾斜角。输入一个－85～85 之间的值将使文字倾斜。其中正值是向右倾斜，负值是向左倾斜。

3. 创建符合国家标准的文字样式

选择“格式”|“文字样式”后，就打开了“文字样式”对话框，如图 6-2 所示。单击按钮 新建(N)... ，在弹出的对话框中输入新文字样式的名字“GBtext”后，单击“确定”按钮。再在“SHX 字体”下拉列表中选择 gbenor. shx（标注字体字母与数字），在“大字体”下拉列表框中仍采用 gbcbig. shx，在“高度”文本框中输入 2。在“效果”选项区的“倾斜角度”文本框中，将文本的倾斜度设置为 15°。单击“应用”按钮即创建了该文本样式。

图 6-3 所示的是创建和编辑文字的“文字”工具栏。

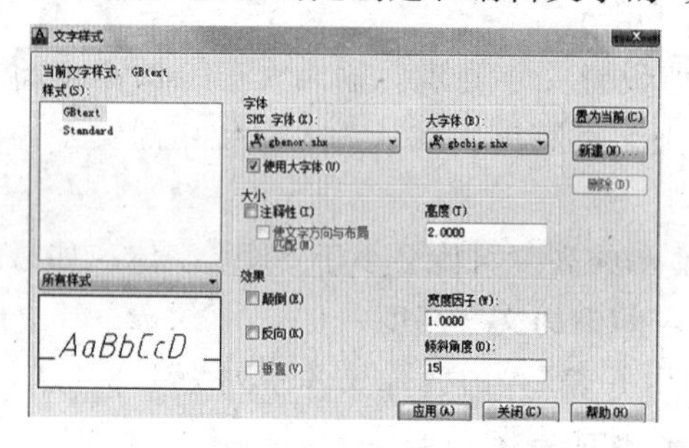

图 6-2　工程图中的文字样式设置

图 6-3　“文字”工具栏

6.2　创建与编辑单行文字

可以使用单行文字创建一行或多行文字，其中，每行文字都是独立的对象，可对其进行移动、格式设置或其他修改。在文本框中单击鼠标右键可选择快捷菜单上的选项。在 TEXT 命令中，可以在图形中的其他地方单击以启动单行文字的新行集，然后按 Tab 键或 Shift＋Tab 组合键在单行文字集之间移动。可以通过按 Alt 键并单击一个文字对象来编辑文字行集。一旦退出 TEXT 命令，这些操作都不再可用。

如果上次输入的命令为 TEXT，则在“指定文字的起点”提示下按 Enter 键将跳过图纸高度和旋转角度的提示。用户在文本框中输入的文字将直接放置在前一行文字下。在该提示下指定的点也被存储为文字的插入点。

如果将 TEXTED 系统变量设定为 1，则使用 TEXT 创建的文字将显示在“编辑文字”对话框中。如果 TEXTED 设置为 2，将显示在位文字编辑器中。

可以通过输入 Unicode 字符串和控制代码来输入特殊字符和格式文字。

在输入文字时，系统将以适当的大小在水平方向显示文字，以便用户可以轻松地阅读和编辑文字；否则，文字将难以阅读(如果文字很小、很大或被旋转)。

选择“绘图”|“文字”|“单行文字”命令(DTEXT)，或在“文字”工具栏中单击“单行文字”按钮 AI，可以创建单行文字对象。执行该命令时，命令行显示如下提示信息：

AI▾ DTEXT 指定文字的起点或[对正(J) 样式(S)]：

1. 指定文字的起点

用鼠标拾取一点，此点在默认情况下，系统会通过指定单行文字行基线的起点位置创建文字。此时系统会显示“指定文字的旋转角度”，在提示行中输入文字的旋转角度；也可用鼠标再拾取一点作为文字的旋转角度，如图 6-4 所示。文字旋转角度是指文字行排列方向与水平线的夹角，其默认值为 0。若当前文字高度为 0，系统将提示输入文字高度。系统也可以切换到 Windows 的中文输入方式，输入中文文字。

图 6-4　指定文字的旋转角度

2. 设置对正方式和当前文字样式

对正可以设置文字的对正方式。单击按钮对正(J)，系统弹出：

AI▾ TEXT 输入选项[对齐(A) 布满(F) 居中(C) 中间(M) 右对齐(R) 左上(TL) 中上(TC) 右上(TR) 左中(ML) 正中(MC) 右中(MR) 左下(BL) 中下(BC) 右下(BR)]：

系统给出了如单行文字的正中间(M)、单行文字的左上角(TL)、左下角(BL)等 13 种对正方式。

其中“对齐”选项就是通过指定基线端点来指定文字的高度和方向。字符的大小根据其高度按比例调整。文字字符串越长，字符越矮。

“调整”选项就是指定文字按照由两点定义的方向和一个高度值布满一个区域。该选项只适用于水平方向的文字。高度以图形单位表格示，是大写字母从基线开始的延伸距离。指定的文字高度是文字起点到用户指定的点之间的距离。文字字符串越长，字符越窄。字符高度保持不变。

“中心”选项就是从基线的水平中心对齐文字，此基线是由用户给出的点指定的。旋转角度是指基线以中点为圆心旋转的角度，它决定了文字基线的方向。可通过指定点来决定该角度。文字基线的绘制方向为从起点到指定点。如果指定的点在圆心的左边，将绘制出倒置的文字。

“中间”选项就是文字在基线的水平中点和指定高度的垂直中点上对齐。中间对齐的文字不保持在基线上。“中间”选项与“正中”选项不同，“中间”选项使用的中点是所有文字包括下行文字在内的中点，而“正中”选项使用大写字母高度的中点。

“右”选项就是在由用户给出的点指定的基线上右对正文字。

“左上”选项就是在指定为文字顶点的点上左对正文字。只适用于水平方向的文字。

“中上”选项就是以指定为文字顶点的点居中对正文字。只适用于水平方向的文字。

“右上”选项就是以指定为文字顶点的点右对正文字。只适用于水平方向的文字。

“左中”选项就是在指定为文字中间点的点上靠左对正文字。只适用于水平方向的文字。

“正中”选项就是在文字的中央水平和垂直居中对正文字。只适用于水平方向的文字。“正中”选项与“中央”选项不同,“正中”选项使用大写字母高度的中点,而“中央”选项使用的中点是所有文字包括下行文字在内的中点。

“右中”选项就是以指定为文字的中间点的点右对正文字。只适用于水平方向的文字。

“左下”选项就是以指定为基线的点左对正文字。只适用于水平方向的文字。

“中下”选项就是以指定为基线的点居中对正文字。只适用于水平方向的文字。

“右下”选项就是以指定为基线的点靠右对正文字。只适用于水平方向的文字。

若单击按钮样式(S),可以重新设置当前文字的样式。

3. 使用特殊字符

在实际设计绘图中,往往要使用一些特殊字符,系统提供了相应的控制符。控制符是由两个百分号(%%)及在后面紧接一个字符构成,常用的控制符如表 6-1 所示。

表 6-1　AutoCAD 常用的标注控制符

控制符	功能
%%O	打开或关闭文字上划线
%%U	打开或关闭文字下划线
%%D	标注度(°)符号
%%P	标注正负公差(±)符号
%%C	标注直径(ϕ)符号

4. 编辑单行文字

单击按钮 A,或选择“修改”|“对象”|“文字”子菜单中的命令对文字的内容、对齐方式及缩放比例进行编辑。

6.3　创建与编辑多行文字

“多行文字”又称为段落文字,它可以包含一个或多个文字段落。是一种便于管理的文字对象,可以由两行以上的文字组成,而且各行文字都是作为一个整体处理。

1. 创建多行文字

选择“绘图”|“文字”|“多行文字”命令(MTEXT),或在“文字”工具栏中单击“多行文字”按钮 A,在绘图窗口中指定一个用来放置多行文字的矩形区域,将打开“文字格式”工具栏和文字输入窗口,利用它们可以设置多行文字的样式、字体及大小等属性,如图 6-5 所示。

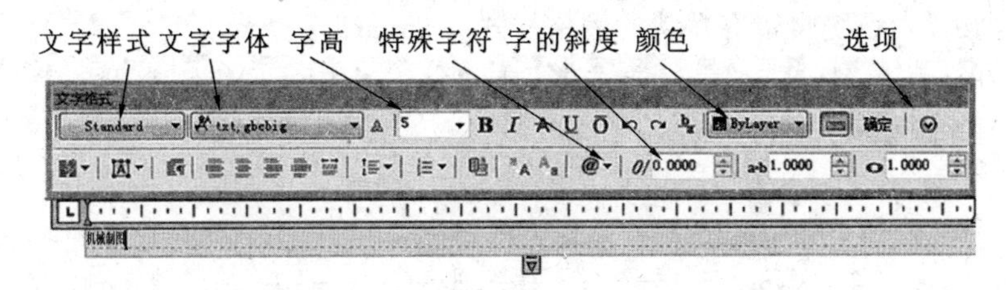

图 6-5　“文字格式”工具栏及文字输入窗口

单击文字输入窗口标尺上方的“选项”按钮,可弹出标尺快捷菜单。选取“缩进和制表位”命令,将打开“缩进和制表位”对话框,它可以设置缩进和制表位位置。

在多行文字编辑工具栏中,单击“符号”按钮 @,可以插入一些特殊的字符。

标尺的功能如图 6-6 所示。

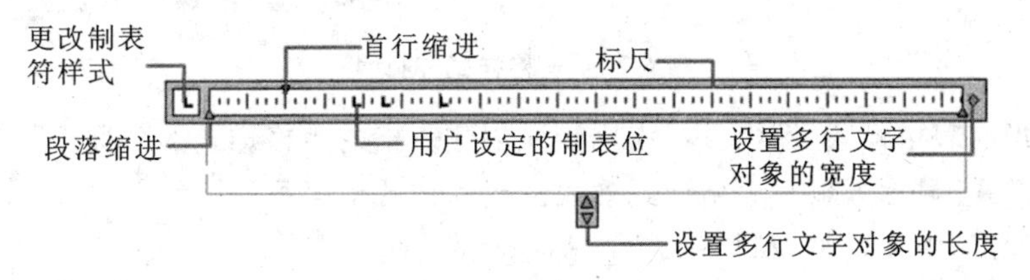

图 6-6　标尺的功能

2. 编辑多行文字

选择“修改”|“对象”|“文字”|“编辑”命令(DDEDIT),再单击已创建的多行文字,系统将打开多行文字编辑窗口,即可修改文字了。它可以对文字进行删除、改变高度、字体样式、颜色、对正模式、旋转角等编辑操作。

当然还有一种通用方法:用“PROPERTIES”选项板来修改特性命令修改编辑文字。该命令可修改各绘图实体的特性,也用于修改文字特性。

6.4　创建表格样式

表格是在行和列中包含数的对象。在工程上大量使用到表格,如标题栏和明细表、管道组件表、预制混凝土配料表等。使用表格前应先创建表格样式,然后再创建表格。

系统可以使用创建表格命令创建表格,也可以从 Microsoft Excel 中直接复制表格,并将它粘贴到图形中。还可以将表格链接至 Microsoft Excel 电子表格中的数据。表格创建完成后，可以单击该表格上的任意网格线以选中该表格，然后通过使用“特性”选项板或夹点来修改该表格。

作为一张表格通常应包括标题、表头和数据三方面的内容，如图 6-7 所示。

1. 新建表格样式

表格样式控制表格的外观，表格样式包括背景颜色、页边距、边界、文字和其他表格特征的设置。系统自带有默认的表格样式 Standard。

(1) 单击菜单“格式”/“表格样式”或命令 TABLESTYLE，打开“表格样式”对话框，如图 6-7 所示。

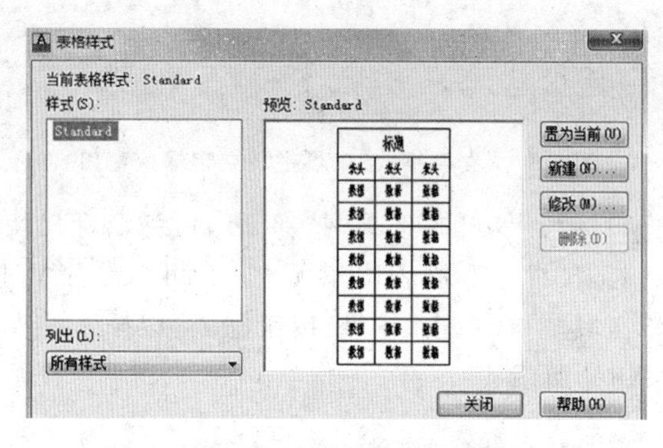

图 6-7　“表格样式”对话框

在“当前表格样式”区内显示应用于所创建表格的表格样式的名称。

在“样式”显示区显示表格样式列表。当前样式被亮显。

在“列出”中主要是控制“样式”列表显示的内容。

在“预览”区显示了“样式”列表中选定样式的预览图像。

单击“置为当前”选项可以将“样式”列表中选定的表格样式设定为当前样式。所有新表格都将使用此表格样式创建。

单击“新建”选项可以显示“创建新的表格样式”对话框，从中可以定义新的表格样式。

单击“修改”选项可以显示“修改表格样式”对话框，从中可以修改表格样式。

单击“删除”选项，则删除“样式”列表中选定的表格样式。不能删除图形中正在使用的样式。

(2) 在对话框中单击“新建”按钮，打开“创建新的表样式”对话框，在对话框的“新样式名”文本框中输入样式名称，如“明细表”。

(3) 单击“继续”按钮，将打开“新建表样式”对话框的“数据”选项卡，如图 6-8 所示。

(4) 分别在“新建表格样式”对话框的“数据”、“表头”和“标题”选项卡中设置字体的样式(含颜色、字高等)、边框的特性、表的注写方向等内容。

“起始表格”选项区可以在图形中指定一个表格用作样例来设置此表格样式的格

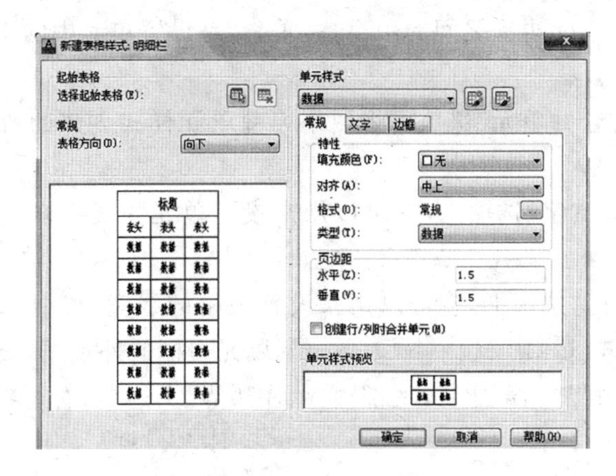

图 6-8　“新建表格样式”对话框

式。选择表格后，可以指定要从该表格复制到表格样式的结构和内容。若单击使用“删除表格”图标，则表格从当前指定的表格样式中删除。

2. 设置表格的数据、列标题和标题样式

在“常规”选项区，可以设置表格方向。若设为“向下”，将创建由上而下读取的表格，标题行和列标题行将位于表格的顶部。单击“插入行”并单击“下”时，将在当前行的下面插入新行。若设为“向上”，将创建由下而上读取的表格，标题行和列标题行将位于表格的底部。单击“插入行”并单击“上”时，将在当前行的上面插入新行。

“预览”选项区可以显示当前表格样式设置效果的样例。

“单元样式”选项区用来设置数据单元、单元文字和单元边框的外观。可以创建任意数量的单元样式。其中“单元样式”菜单 数据 是显示表格中的单元样式，单击“创建单元样式”按钮可启动“创建新单元样式”对话框，单击“管理单元样式”按钮可启动“管理单元样式”对话框。

单击“单元样式”的菜单 数据 ，在其下拉列表框中可分别选取“数据”、“表头”、“标题”去设置它们的样式。

如图 6-8 所示，在“常规”选项卡中可以设置单元特性。

在“填充颜色”下拉列表框中，可以指定单元的背景色。默认值为“无”。若选择“选择颜色”，则会显示“选择颜色”对话框。

在“对齐”下拉列表框中可以设置表格单元中文字的对正和对齐方式。可以使文字相对于单元的顶部边框和底部边框进行居中对齐、上对齐或下对齐，相对于单元的左边框和右边框进行居中对正、左对正或右对正。

在“格式”选项可以设置数据类型和格式。

在“类型”选项中可将单元样式指定为标签或数据。

“边距”选项是控制单元边框和单元内容之间的间距。单元边距设置应用于表格中的所有单元。默认设置为 0.06(英制)和 1.5(公制)。其中“水平”是设置单元中的文字或块与左右单元边框之间的距离。“垂直”是设置单元中的文字或块与上下单元边框之间的距离。

“创建行/列时合并单元”选项可将使用当前单元样式创建的所有新行或新列合并为一个单元。

图 6-9 所示为“文字”选项卡，它可以用来设置单元的文字样式、文字高度、文字颜色和文字角度。

图 6-10 为“边框”选项卡，它可以用来设置表格的线宽、线型、颜色、是否为双线等。边框按钮是控制单元边框的外观，即线宽和颜色。它共有所有边界、外部边界、内部边界、底部边界、左边界、上边界、右边界或无边界几种。

图 6-9　“文字”选项卡

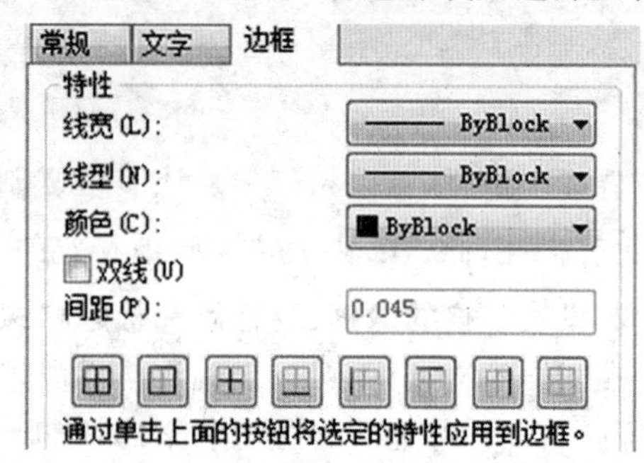

图 6-10　“边框”选项卡

单击“确定”按钮，返回到“表格样式”对话框。此时在对话框的“样式”列表框中将显示创建好的表样式。

单击“关闭”按钮，关闭该对话框，完成表样式创建。

明细表一般是不“包含页眉行”和不“包含标题行”的形式。

3. 创建表格

使用绘制表功能，用户可绘制大小不一样的表格。表格的样式可以是默认的表格样式或自定义的表格样式。操作步骤如下所述。

(1) 选择“绘图”工具条中的表格按钮，弹出如图 6-11 所示的“插入表格”对话框。

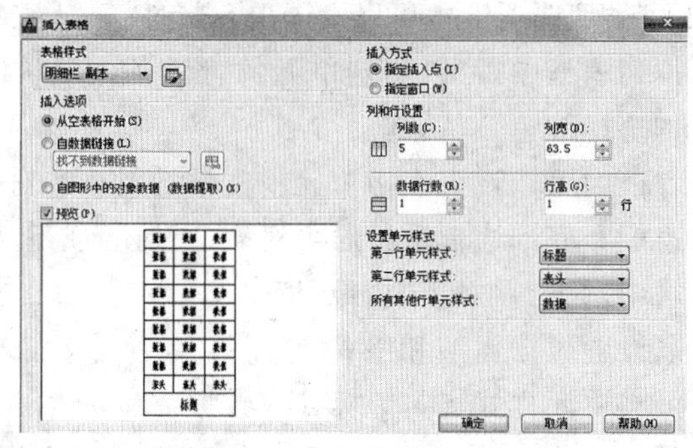

图 6-11　“插入表格”的对话框

(2) 在对话框中可以设置表格的样式、列宽、行高，以及表格的插入方式等。

“表样式名称”下拉列表框被用来选择系统提供的或者用户已经创建好的表格样式，单击其后的按钮，可以在打开的对话框中对所选表格样式进行修改。

“插入选项”选项区可以指定插入表格的方式。其中“从空表格开始”的特点是创建可以手动填充数据的空表格。“从数据链接开始”是指从外部电子表格中的数据创建表格。“从数据提取开始(在 AutoCAD LT 中不可用)”表示启动“数据提取”向导。

“插入方式”选项区中可以设置表的位置。

“指定插入点”单选按钮可以用来在绘图窗口中的某点插入固定大小的表格。

“指定窗口”单选按钮可以用来在绘图窗口中通过拖动表格边框来创建任意大小的表格。

“列和行设置”选项区中可以通过改变“列数”、“列宽”、“数据行”和“行高”文本框内数据，可改变列和行的参数。

“列宽”可以用来指定列的宽度。若“插入方式”为“指定窗口”，则列宽为“自动”选项，且列宽由表格的宽度控制。最小列宽为一个字符。

“行高”可以用来设置指定行的高度。文字行高基于文字高度和单元边距，这两项均在表格样式中设置。若“插入方式”为“指定窗口”，则行高为“自动”选项，且行高由表格的高度控制。

(3) 设置单元样式　在“设置单元样式”选项区可以对那些不包含起始表格的表格样式指定新表格中行的单元格式，即根据各自的要求设置每行的数据样式。

(4) 单击“确定”按钮后，在屏幕上用鼠标指定表格的插入点后，此表格的最上面一行处于文字编辑状态。双击其他表格单元，使该单元处于文字编辑状态，输入文字内容，如图 6-12 所示。

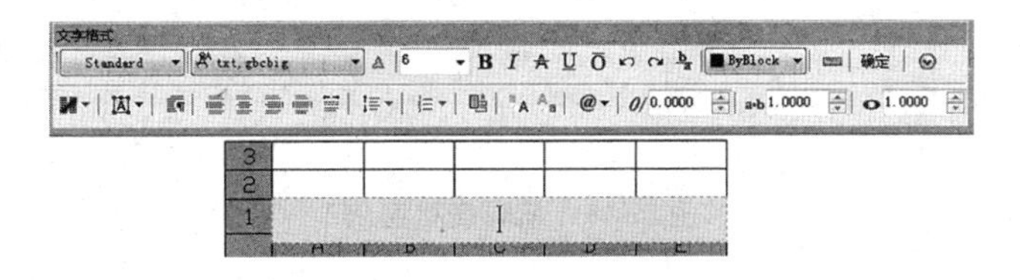

图 6-12　在表格中输入文字

4. 编辑表格和表格单元

1) 编辑表格

若选择整个表格，单击鼠标右键，在弹出的快捷菜单中，可以对表格进行剪切、复制、删除、移动、缩放和旋转等操作，还可以均匀调整表格的行、列大小，删除所有特征替代。

当选中表格后，在表格的四周、标题栏上将出现许多夹点，可以通过拖动这些夹点来编辑表格的大小，如图 6-13 所示。

2) 编辑表格单元

选中表格中的一个单元，再单击右键，在弹出的快捷菜单中，可以对表格中的单元进行编辑，如单元对齐、单元边框、匹配单元、插入块、合并单元等操作，如图 6-14 所示。

单击表格或表格单元就可以对表格或表格单元进行编辑修改。

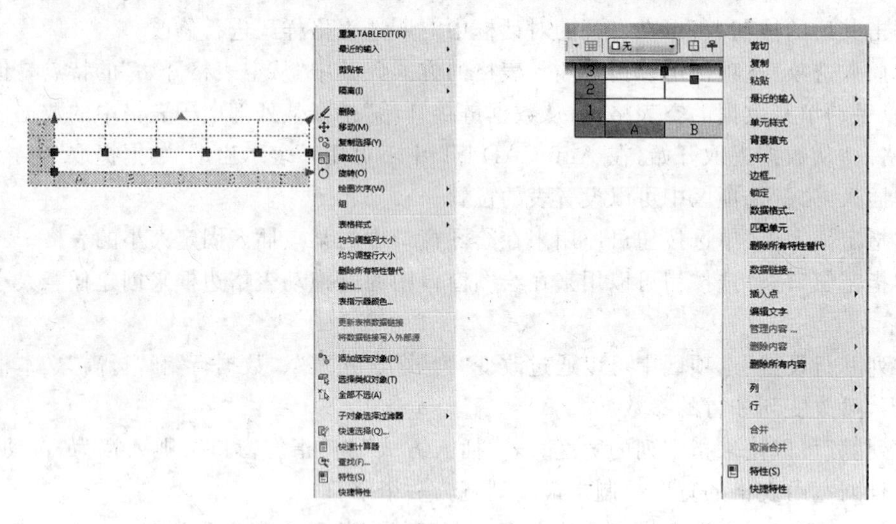

图 6-13　编辑表格　　　　**图 6-14　编辑表格单元**

例 6-1　编辑表格实例。

按下 Shift 键和鼠标右键，选择相邻的几个单元格，如图 6-15(a)所示，再在弹出的“表格”工具栏中，单击合并按钮，此时选中的若干个单元就合并成一个单元，如图 6-15(b)所示。单击表格中的一个单元格，屏幕出现如图 6-15(c)所示的“表格”工具栏，可以进行添加一行或一列或删去一行或一列等操作。双击一单元格，可以输入相关的文字或数据等信息。

(a)　　(b)　　(c)

图 6-15　编辑表格实例

思 考 题

6-1　AutoCAD 中的文字需要设置样式吗？默认的样式是什么？

6-2　文字样式包括哪些内容？

6-3　如何创建多行文字？多行文字和单行文字的区别是什么？

6-4　若字体是斜体字，其倾斜度如何设置？

6-5　表格有样式吗？表格样式的设置包括哪些内容？

6-6　若表格不需要标题，该如何设置？

第7章 尺寸标注

本章重点

(1) 掌握创建尺寸标注样式的基本方法；

(2) 学会创建角度的尺寸标注样式；

(3) 掌握长度、圆弧、圆等标注的方法；

(4) 掌握使用"形位公差"对话框标注形位公差的方法；

(5) 掌握标注有公差要求的尺寸标注；

(6) 掌握编辑标注对象的方法。

图只能表达物体的形，而其大小是通过尺寸来表示的。因此尺寸标注是绘制图样中一项非常重要的工作。AutoCAD可以使用尺寸标注功能对图形的长度、半径、直径及圆心位置等进行自动标注。

尺寸一般由尺寸界线、尺寸线、终止符号、尺寸数字这四个要素组成，如图7-1所示，国家标准对它们是有严格的规定的。它们是由尺寸样式中的属性来控制的，通过尺寸样式的一系列对话框可以对这些属性进行调整或修改，建立所需的尺寸标注样式。

为了利于图形管理，可以为尺寸标注创建一个单独的图层。通过图层的开或关，可以有选择地显示或隐藏尺寸。

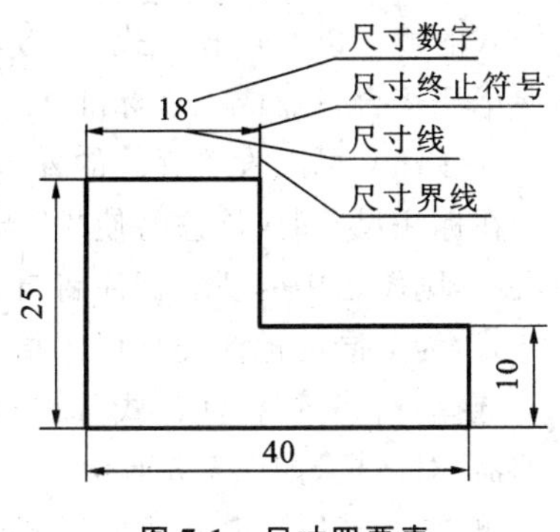

图7-1 尺寸四要素

7.1 尺寸标注的国家标准

尺寸四要素有以下几个特点。

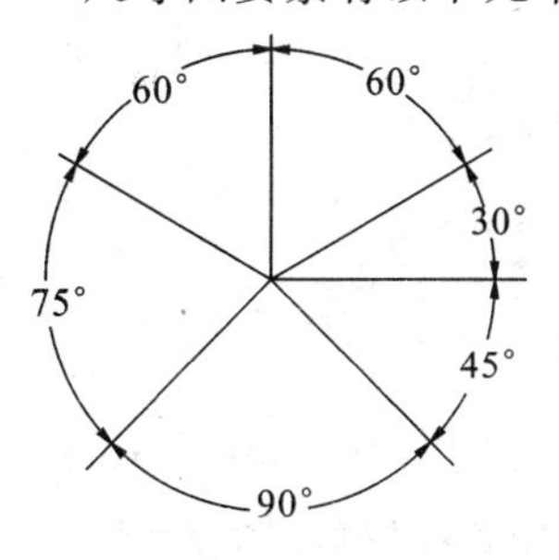

图7-2 角度的尺寸数字

(1) 在AutoCAD系统中，自动标注的尺寸数字为实际测得的值。它可附加公差、前缀和后缀等，也可自行指定文字或取消文字。尺寸数字的文字应为长仿宋体字，且为倾斜度为15°的斜体字；对于线型尺寸，尺寸数字应该在尺寸线上方字头朝上或在尺寸线左侧字头朝左或在尺寸线的中断处；对于角度尺寸，尺寸数字的字头朝上，如图7-2所示。

(2) 尺寸线、尺寸界线都是细实线。

(3) 尺寸界线是指从被标注的对象延伸到尺寸线的线段。为了标注清晰,通常用尺寸界线将尺寸引到实体之外,有时也可用实体的轮廓线或中心线代替尺寸界线。

(4) 标注的范围即尺寸线。通常使用箭头来指出尺寸线的起点和止点。

(5) 尺寸终止符可以是箭头或圆点或 45°斜线,箭头长与宽之比为 4∶1。它用来标注尺寸线的两端,表明测量的开始和结束位置。AutoCAD 提供了多种符号可供选择,也可以创建自定义符号。

(6) 圆心标记是为圆和圆弧而设置的。

(7) 中心线是为对称图形而设置的。

尺寸标注的类型有很多,系统提供了如下 11 种标注类型用以测量设计对象:线性标注、对齐标注、坐标标注、半径标注、直径标注、角度标注、基线标注、连续标注、引线标注、公差标注、圆心标记。

7.2 尺寸标注样式的设置

尺寸标注样式的设置包括创建新的尺寸样式、设定当前样式、修改样式、设定当前样式的替代以及比较样式等。可以创建标注样式,以便能快速指定标注的格式,并确保标注符合行业或工程标准。

标注样式可以设置标注的外观,如箭头样式、文字位置和尺寸公差等。

在标注尺寸时,标注将使用“当前”标注样式中的设置。如果要更改标注样式中的设置,则图形中的所有标注将自动使用更新后的样式。当然也可以通过创建标注子样式,为不同的标注类型使用指定的设置。

选择“格式”|“标注样式”命令或单击“标注”工具栏中的按钮,打开“标注样式管理器”对话框,如图 7-3 所示。

单击“新建”按钮,输入新样式的名称,以及新样式的基础的样式,即对于新样式仅更改那些与基础特性不同的特性。再单击“继续”按钮,显示“新建标注样式”对话框,如图 7-4 所示,从而定义新的标注样式特性。

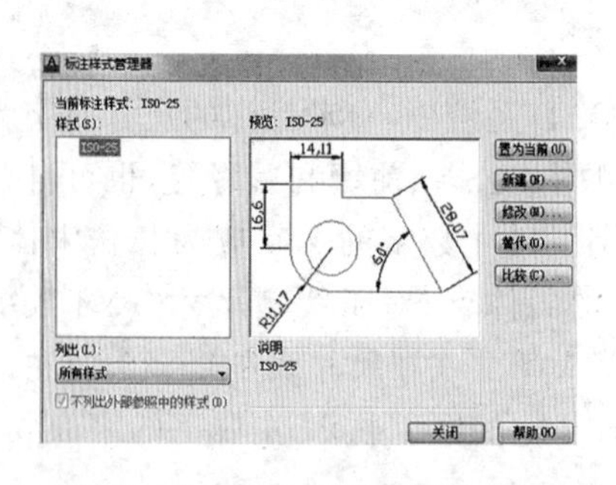

图 7-3　“标注样式管理器”对话框

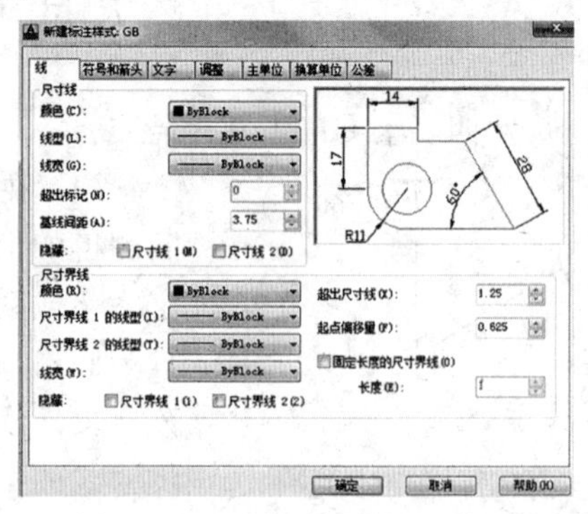

图 7-4　“新建标注样式”对话框

1. 设置尺寸线和尺寸界线

在“线”选项卡中,可以设置尺寸线、尺寸界线的格式和位置。

在“尺寸线”选项区域中,可以设置尺寸线的颜色、线宽、超出标记以及基线间距等属性。

在“基线间距”文本框中,可以设置各尺寸线之间的距离。

在“隐藏”选项中,可以通过选择“尺寸线 1”或“尺寸线 2”复选框,隐藏尺寸线及其相应的箭头。

在“尺寸界线”选项区域中,可以设置尺寸界线的颜色、线宽、超出尺寸线的长度和起点偏移量,隐藏控制等属性。

在“隐藏”选项中,可以设置隐藏尺寸界线。

尺寸线、尺寸界线的颜色、线型等都可以设置为随层 ByBlock。

2. 设置符号和箭头

在“符号和箭头”选项卡中,可以设置箭头的样式和大小、圆心标记、弧长符号和半径标注折弯的格式与位置,如图 7-5 所示。

在“箭头”选项区域中,可以设置尺寸线和引线箭头的类型及大小等。系统为用户设置了 20 多种箭头样式。

在“箭头大小”选项区中,可以设置箭头的大小,一般可以设置为 4。

在“圆心标记”选项区域中,可以设置圆或圆弧是否需要绘制圆心标记及圆心标记的大小。

在“弧长符号”选项区域中,可以设置弧长符号显示的位置,包括“标注文字的前缀”、“标注文字的上方”和“无”三种方式,其效果如图 7-6 所示。

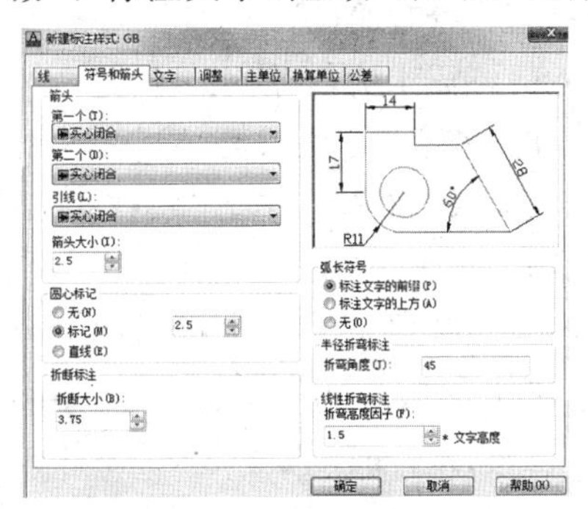

图 7-5 “符号和箭头”选项卡

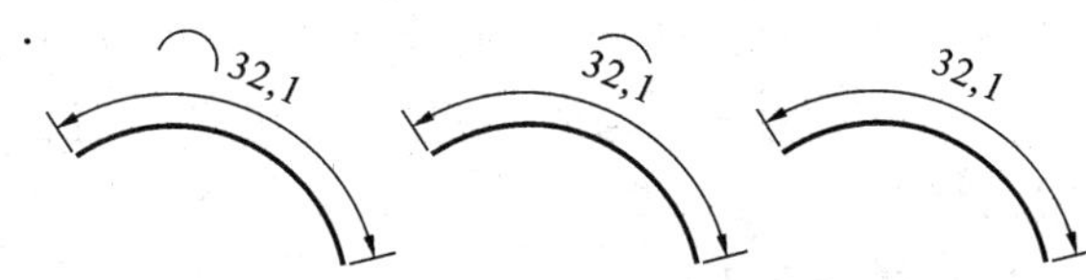

图 7-6 设置弧长符号的位置

在“半径标注折弯”选项区域的“折弯角度”文本框中,可以设置标注圆弧半径时标注线的折弯角度大小。

3. 设置文字

“文字”选项卡,如图 7-7 所示。

在“文字外观”选项区中,可以设置尺寸数字的文字样式、颜色、高度和分数高度比例，以及是否绘制文字边框等。

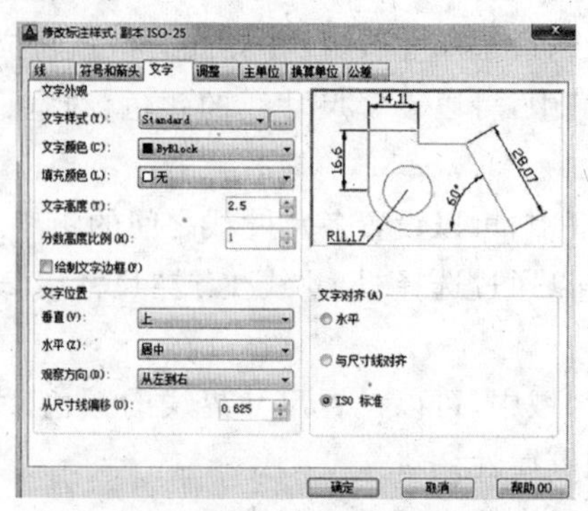

图 7-7　“文字”选项卡

在“文字位置”选项区中，可以设置尺寸数字位于尺寸线的上方还是断开处的、尺寸数字位于尺寸线的中间还是靠近某一条尺寸界线以及尺寸线的偏移量。在“文字对齐”选项区中，可以设置尺寸数字是保持水平还是与尺寸线平行。

通常是将“垂直”选项设置为“上方”，“水平”选项设为“置中”。“文字对齐”选项区中，可设为“ISO 标准”，当标注文字在尺寸界线之内时，它的方向与尺寸线方向一致，而在尺寸界线之外时，将文字水平放置。

为了标注符合 ISO 标准规定的角度尺寸，可以新建一个标注角度尺寸的尺寸标注样式，其中“文字对齐”选项区中设为“水平”。

4. 调整设置

在“调整”选项卡中，可以设置标注文字、尺寸线、尺寸箭头的位置。

在“文字位置”选项区中，可以设置当文字不在默认位置时的位置。

在“标注特征比例”选项区中，可以设置标注尺寸的特征比例，以便通过设置全局比例来增加或减少各标注的大小。“使用全局比例”单选按钮，可以对全部尺寸标注设置缩放比例，该比例不改变尺寸的测量值。“将标注缩放到布局”单选按钮，可以根据当前模型空间视口与图纸空间的缩放关系设置比例。

若用户按 1∶2输出图样，如文字高度和箭头的大小都设为 5，且要求输出图形中的文字和箭头的高度与大小仍为 5，用户必须将“使用全局比例”设为 2。(DIMSCALE＝2)

5. 设置主单位

“主单位”选项卡如图 7-8 所示。其中，在“线性标注”选项区可以设置线性标注的单位格式和精度，单位格式可以设为“小数”、精度可以设为“0”。

在“测量单位比例”选项区中，使用“比例因子”文本框可以设置测量尺寸的缩放比例，AutoCAD 的实际标注值为测量值与该比例的积。选中“仅应用到布局标注”复选框，可以设置该比例关系仅使用于布局。

在“角度标注”选项区中，可以设置角度的单位格式与精度。

,系统会自动以前一个已标注的尺寸为基准。若需要一个新的起点,可以单击 Enter 键,再选择一个已有的尺寸,则该尺寸边界便作为新的基准。

基线标注可以创建一系列由相同的标注原点测量出来的标注或创建一系列端对端放置的标注,如图 7-12 所示。

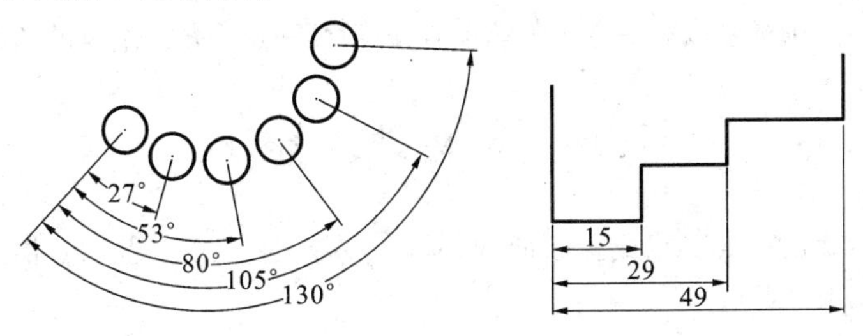

图 7-12 基线标注

连续标注,如图 7-13 所示。

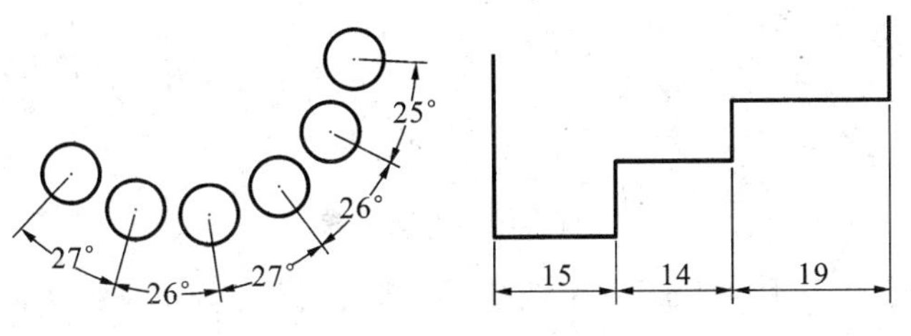

图 7-13 连续标注

7.4 圆、圆弧标注及圆心标记

单击半径、折弯和直径的标注按钮,可以标注圆和圆弧的半径、折弯标注半径和直径。此时命令行提示如下信息:

DIMRADIUS 指定尺寸线位置或[多行文字(M) 文字(T) 角度(A)]:

当指定了尺寸线的位置,系统将按实际测量值标注出圆或圆弧的半径。也可以利用"多行文字(M)"、"文字(T)"或"角度(A)"选项,确定尺寸文字和尺寸文字的旋转角度。

单击"标注"工具栏上圆心标记按钮或命令 DIMCENTER,再选择圆弧或圆,则在所选的圆或圆弧的圆心处绘制出圆心标记或中心线。

7.5 角度标注与其他类型的标注

在标注角度尺寸之前,先建立一个尺寸数字永远为水平的尺寸标注样式,并将角度尺寸标注模式设为当前模式后,再单击"角度"按钮后,就可以测量圆和圆弧的角度、两条直线间的角度，或三点间的角度。此时系统提示：

DIMANGULAR 选择圆弧、圆、直线或〈指定顶点〉：

若选择的对象为圆弧时，则标注圆弧的圆心角大小；若选择圆，系统提示再在圆上输入另一点，标注两点对应的圆心角；若选择两条不平行的直线，则标注两直线间的夹角；若指定的为三个点，则标注以第一点为角的顶点，以后面两点为角的端点的角的大小。

7.6　多重引线标注

多重引线就是一条直线或样条曲线，其中一端带有箭头，另一端带有多行文字对象或块，如图 7-14 所示。

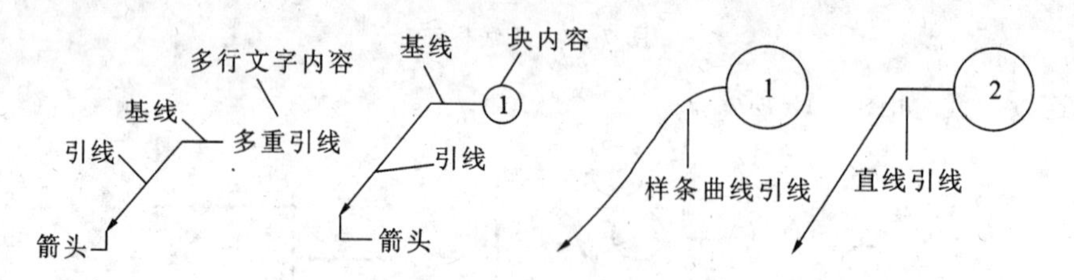

图 7-14　多重引线

在某些情况下，可用一条短水平线（又称基线）将文字或块和特征控制框连接到引线上。

基线和引线与多行文字对象或块关联，因此当重定位基线时，内容和引线将随其移动。

当打开关联标注，并使用对象捕捉确定引线箭头的位置时，引线则与附着箭头的对象相关联。如果重定位该对象，箭头也重定位，并且基线会进行相应拉伸。

引线对象不应与自动生成的、作为尺寸线一部分的引线相混淆。

出于多种原因，引线和对象之间的关联性可能会丢失。如当已重定义块而使该点的引线附着到移动，将不保留引线与块参照之间的关联性，或在更新或编辑事件删除附着到引线上的点时，不保留引线与模型文档工程视图之间的关联性。

另外可以使用注释监视器来跟踪引线关联性。当注释监视器处于启用状态时，将通过在引线上显示标记来标记失去关联性的引线。

选择“标注”|“多重引线”命令，可以创建引线和注释，而且引线和注释可以有多种格式。AutoCAD 提示：

MLEADER 指定引线箭头的位置或[引线基线优先(L)　内容优先(C)　选项(O)]〈选项〉：

其中：“指定引线箭头的位置”选项用于确定引线的箭头位置；“引线基线优先(L)”和“内容优先(C)”选项分别用于确定将首先确定引线基线的位置还是首先确定标注内容，用户根据需要选择即可。

单击“选项(O)”项，可以设置多重引线样式。样式包括指定基线、引线、箭头和内容的格式。

执行该选项，系统提示：

MLEADER 输入选项[引线类型(L) 引线基线(A) 内容类型(C) 最大节点数(M) 第一个角度(F) 第二个角度(S) 退出选项(X)]〈内容类型〉:

其中："引线类型(L)”选项用于确定引线的类型；“引线基线(A)”选项用于确定是否使用基线；“内容类型(C)”选项用于确定多重引线标注的内容(多行文字、块或无)；“最大节点数(M)”选项用于确定引线端点的最大数量；“第一个角度(F)”和“第二个角度(S)”选项用于确定前两段引线的方向角度。

执行多重指引命令(MLEADER)，如果在“指定引线箭头的位置或[引线基线优先(L)/内容优先(C)/选项(O)]〈选项〉:”提示下指定一点，即指定引线的箭头位置后，依次指定各点，然后按 Enter 键，AutoCAD 弹出文字编辑器。通过文字编辑器输入对应的多行文字后，单击“文字格式”工具栏上的“确定”按钮，即可完成引线标注。

选择“格式”|“多重指引线样式”命令，弹出“多重引线样式管理器”对话框，如图7-15所示。单击对话框中的“修改”按钮，可以设置引线标注的注释类型、多行文字选项及是否重复使用注释、箭头的格式和设置引线的类型以及多行文字注释相对于引线终点的位置等。

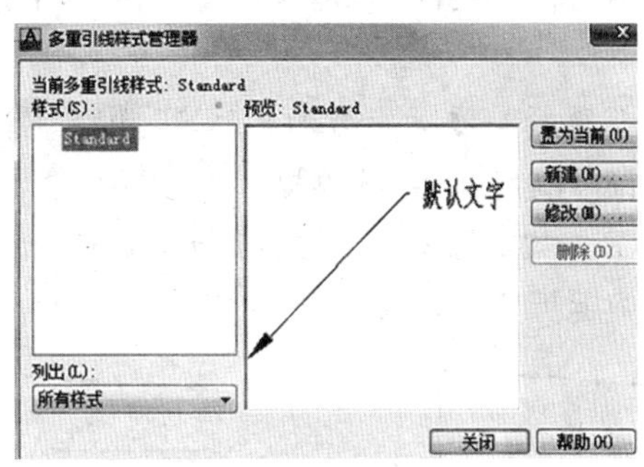

图 7-15 “多重指引”对话框

7.7 形位公差标注

形位公差是机械图样中一项重要内容，其对话框如图7-16所示。

选择“标注”|“公差”命令(TOLERANCE)或单击“公差”按钮，可以设置公差的符号、值及基准等参数，如图7-17所示。

在“符号”选项中单击■框，弹出“特征符号”对话框，可设置公差的几何特征符号。在“公差1”选项中单击■，插入一个直径符号，在中间的文本框中可以输入公差值，单击其后的■框，弹出“附加符号”对话框，可为公差选择包容条件符号。“公差2”选项同上。

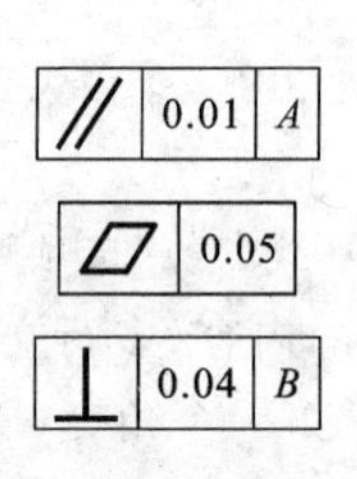

图 7-16 常见的形位公差

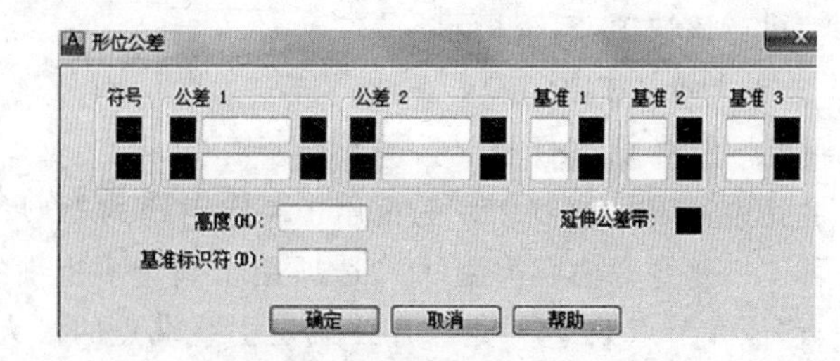

图 7-17 “形位公差”对话框

在“基准 1”等选项中，可以设置公差基准和相应的包容条件。

在“高度”文本框中可设置投影公差值。投影公差带控制固定垂直部分延伸区的高度变化，并以位置公差控制公差精度。

7.8 编辑尺寸

1. 折弯线性尺寸

折弯线性指在线性标注或对齐标注中添加或删除折弯线，如图 7-18 所示。

单击“标注”工具栏中的折弯线性按钮，或选择菜单命令“标注”|“折弯线性”，系统 AutoCAD 提示：

DIMJDGLINE 选择要添加折弯的标注或[删除(R)]：

选取需要添加折弯符号的尺寸，系统再提示：

DIMJDGLINE 指定折弯位置(或按 Enter 键)：

用鼠标拾取一点来确定折弯的位置。

图 7-18 折弯线性

2. 折断标注

折断标注是在标注和尺寸界线与其他对象的相交处打断或恢复标注和尺寸界线，如图 7-19 所示。

单击“标注”工具栏中的折断标注按钮，或选择菜单命令“标注”|“标注打断”，系统提示：

DIMBREAK 选择要添加/删除折断的标注或[多个(M)]：

选取需要打断的尺寸后，系统提示：

DIMBREAK 选择要折断标注的对象或[自动(A) 手动(M) 删除(R)]〈自动〉：

根据提示操作即可，如图 7-19 所示。

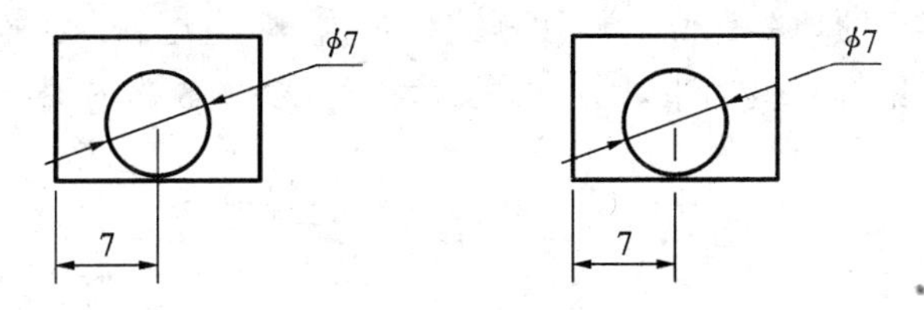

图 7-19　折断标注

3. 改变尺寸文字的位置、方向及尺寸界线

“编辑标注”可以编辑已有尺寸的文字和尺寸界线，如图 7-20 所示。

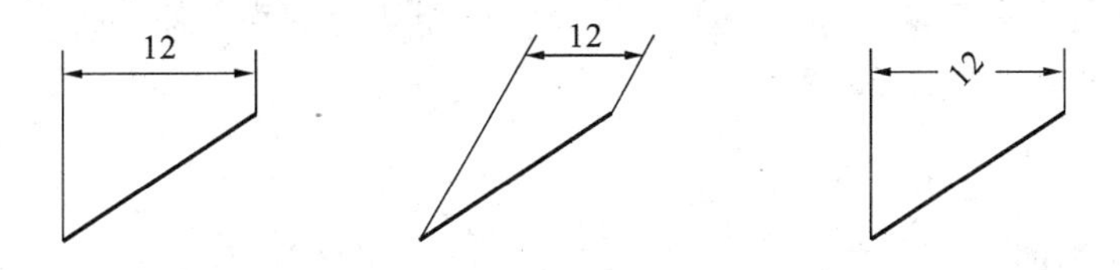

(a) 已标注的尺寸　(b) 修改尺寸界线的斜度　(c) 修改尺寸数字的方向

图 7-20　编辑尺寸

单击“编辑标注”按钮，系统提示：

DIMEDIT 输入标注编辑类型[默认(H) 新建(N) 旋转(R) 倾斜(O)]〈默认〉:

再单击按钮倾斜(O)，选择要编辑的尺寸后，再输入角度，即可改变尺寸界线的方向，如图 7-20(b)所示。

或单击状态栏中的按钮旋转(R)，选择要编辑的尺寸后，输入角度，即可旋转尺寸数字的方向，如图 7-20(c)所示。

4. 改变尺寸数字的位置

“编辑标注文本”的功能是可以移动和旋转标注文字并重新定位尺寸线。

单击按钮，选取需要修改的尺寸，系统提示：

DIMTEDIT 为标注文字指定新位置或[左对齐(L) 右对齐(R) 居中(C) 默认(H) 角度(A)]:

单击状态栏中的按钮左对齐(L)等，或直接拖动光标来确定尺寸文字的新位置，如图 7-21 所示。

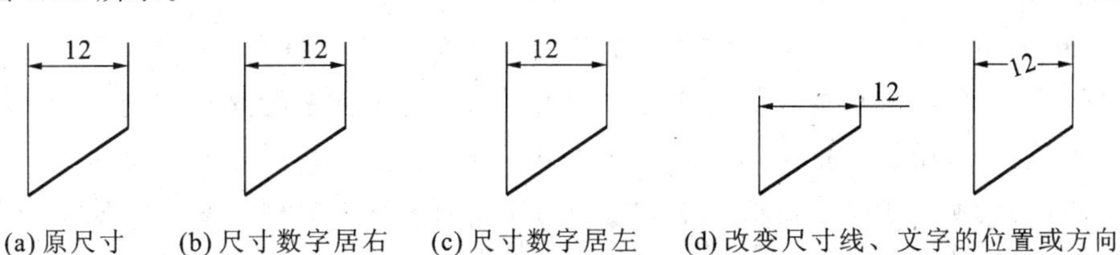

(a) 原尺寸　(b) 尺寸数字居右　(c) 尺寸数字居左　(d) 改变尺寸线、文字的位置或方向

图 7-21　编辑尺寸文字

5. 改变尺寸样式

“标注更新”的功能是修改标注样式。单击“标注更新”按钮，选取需要修改样式的尺寸，按鼠标右键结束，则选中的尺寸样式变换成当前的尺寸样式。

7.9 参数化绘图

AutoCAD 2013 新增了参数化绘图功能。利用该功能，当改变图形的尺寸参数后，图形会自动发生相应的变化。

1. 几何约束

几何约束就是在对象之间建立如平行、垂直、相切等约束关系，如图 7-22 所示。“几何约束”工具栏如图 7-23 所示。

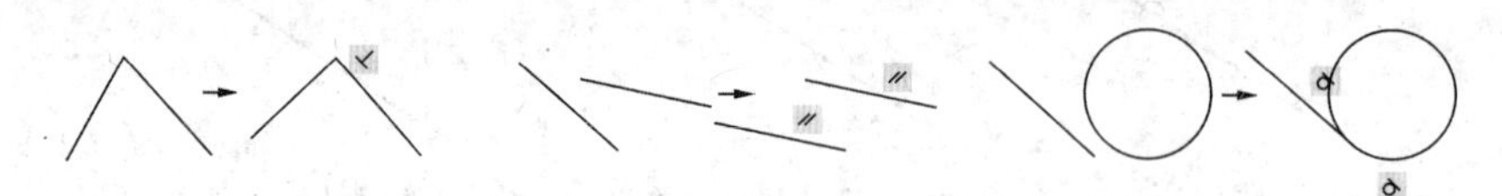

(a) 两直线添加垂直约束　(b) 两直线添加平行约束　(c) 两对象添加相切约束

图 7-22　几何约束

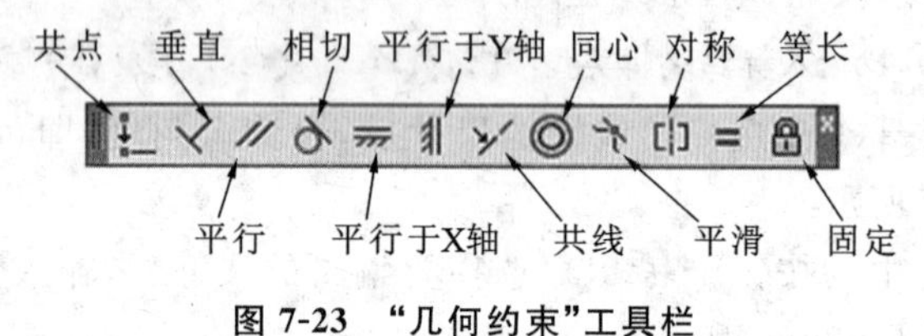

图 7-23　“几何约束”工具栏

在命令窗口发布命令 GEOMCONSTRAINT，系统提示：

GEOMCONSTRAINT 输入约束类型[水平(H) 竖直(V) 垂直(P) 平行(PA) 相切(T) 平滑(SM) 重合(C) 同心(CON) 共线(COL) 对称(S) 相等(E) 固定(F)]〈重合〉：

单击约束类型按钮则可建立相关约束。

添加约束的步骤是：单击一种约束再选取需要添加约束的对象即可。

如单击“水平”按钮，选取一直线，即可在该直线上添加水平约束，也就是将指定的直线对象约束成与当前坐标系的 X 轴平行。

若单击“平行”按钮，再选取需要平行的两直线，则两直线将自动保持平行。

“竖直”选项用于将指定的直线对象约束成与当前坐标系的 Y 轴平行。

“垂直”选项用于将指定的一条直线约束成与另一条直线保持垂直关系。

“相切”选项用于将指定的一个对象与另一条对象约束成相切或使两对象延长线保持彼此相切的关系。

“平滑”选项用于在共享同一端点的两条样条曲线之间建立平滑约束。

“重合”选项用于使两个点或一个对象与一个点之间保持重合。

“同心”选项用于使一个圆、圆弧或椭圆与另一个圆、圆弧或椭圆保持同心。

“共线”选项用于使一条或多条直线段与另一条直线段保持共线，即位于同一直线上。

“对称”选项用于约束直线段或圆弧上的两个点，使其以选定直线为对称轴彼此对称。

“相等”选项用于使选择的圆弧或圆有相同的半径，或使选择的直线段有相同的长度。

“固定”选项用于约束一个点或曲线，使其相当于坐标系固定在特定的位置和方向上。

2. 标注约束

标注约束是指对选定对象或对象上的点应用标注约束，或将关联标注转换为标注约束。如图 7-24 所示。

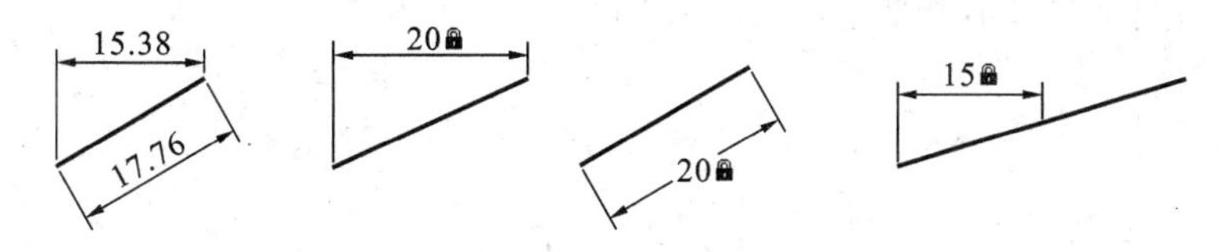

图 7-24 添加标注约束

对象上的有效约束点如表 7-1 所示。

表 7-1 对象上的有效约束点

对　　象	有效约束点
直线	端点、中点
圆弧	中心点、端点、中点
样条曲线	端点
椭圆、圆	中心点
多段线	直线的端点、中点和圆弧子对象、圆弧子对象的中心点
块、外部参照、文字、多行文字、属性、表格	插入点

在命令窗口发布命令 DIMCONSTRAINT，系统提示：

DIMCONSTRAINT 输入标注约束选项[线性(L) 水平(H) 竖直(V) 对齐(A) 角度(AN) 半径(R) 直径(D) 形式(F) 转换(C)]〈对齐〉：

选择的关联标注转换成约束标注后，其他各选项用于对相应的尺寸建立约束。“形式(F)”选项用于确定是建立注释性约束还是动态约束。

“线性(L)”就是根据尺寸界线原点和尺寸线的位置创建水平、垂直或旋转约束。

“水平(H)”就是约束对象上的点或不同对象上两个点之间的 X 距离。

“竖直(V)”就是约束对象上的点或不同对象上两个点之间的 Y 距离。

“对齐(A)”就是约束不同对象上两个点之间的距离。

“角度(AN)”就是约束直线段或多段线段之间的角度、由圆弧或多段线圆弧扫掠得到的角度,或对象上三个点之间的角度。

“半径(R)”就是约束圆或圆弧的半径。

“直径(D)”就是约束圆或圆弧的直径。

“转换(C)”就是将关联标注转换为标注约束。

思　考　题

7-1　在机械图样中,对尺寸数字有什么要求?

7-2　在机械图样中,对角度的尺寸数字要哪些要求?

7-3　尺寸界线和尺寸线的线型是什么?

7-4　常见的尺寸有哪些?

第8章　块、外部参照及设计中心

本章重点

（1）了解块的特点；

（2）掌握创建块、保存块的方法；

（3）了解带属性块的定义方法；

（4）掌握创建带属性块的方法与步骤；

（5）了解内部块与外部块的区别；

（6）掌握创建动态块的方法；

（7）了解编辑与管理外部参照的方法。

在绘制图形时，可以把要重复绘制的图形创建成一图块。

块即图块，它是一个或多个在不同图层上不同颜色、不同线型和线宽特性的对象的组合，是一组对象的集合。它自身是一个单个的对象（块定义），也称为块参照，系统将它作为单一的对象进行处理，并用一个名字进行标识，既可作为整体插入到图中任意指定位置，还可以按不同的比例和旋转角度插入。

插入块时，虽然它总是在当前图层上，但块参照保存了有关包含在该块中对象的原图层、颜色和线型特性等信息，可以控制块中的对象是保留其原特性还是继承当前的图层、颜色、线型或线宽设置。

在编辑图块时，虽然组成块的各个对象有自己的图层、线型和颜色，但系统把块作为单一的对象处理，即通过拾取块内的任何一个对象，就可以选中整个块，并对其进行诸如移动（MOVE）、复制（COPY）、镜像（MIRROR）等操作，这些操作与块的内部结构无关。

块有以下几个特点。

（1）提高了绘图速度　将图形创建成块，需要时可以直接用插入块的方法实现绘图，这样可以避免大量重复性工作。

（2）节省存储空间　如果使用复制命令将一组对象复制10次，图形文件的数据库中要保存10组同样的数据。如将该组对象定义成块，数据库中只保存一次块的定义数据。插入该块时不再重复保存块的数据，只保存块名和插入参数，因此可以减小文件的尺寸。

（3）便于修改图形　如果修改了块的定义，用该块复制出的图形都会自动更新。

（4）加入属性　很多块还要求有文字信息，以进一步解释说明。AutoCAD允许为块创建这些文字属性，可以在插入的块中显示或不显示这些属性，也可以从图中提取这些信息并将它们传送到数据库中。

8.1 块的属性

一般在创建块之前，先定义块的属性。块的属性就是附着在块上的标签或标记，是块的组成部分，它依赖于块的存在。块中的属性可以包含各种数据（如零件编号、价格、注释和物主的名称等）。

定义块的属性就是定义属性模式、属性标记、属性提示、属性值、插入点和属性的文字设置等参数。

标记若设置为变量，则每个插入的块参照将添加有关每个实例的特定信息。

选择“绘图”|“块”|“定义属性”命令（ATTDEF），系统弹出“属性定义”对话框，如图 8-1 所示。

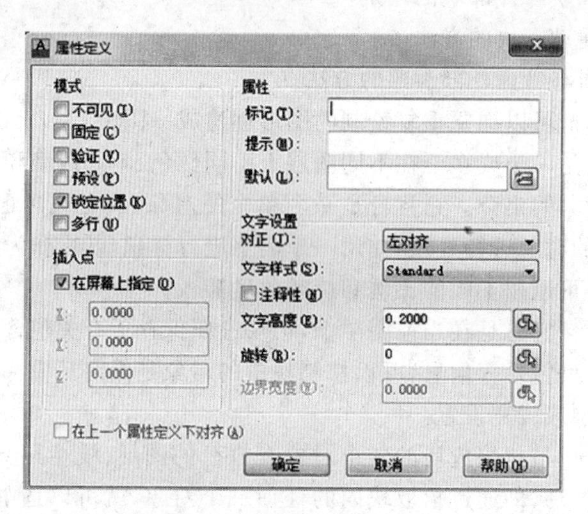

图 8-1 “属性定义”对话框

“模式”选项区是确定在图形中插入块时，设定与块关联的属性值选项。

“不可见”选项用来在指定插入块时不显示或打印属性值。

“固定”选项用来在插入块时赋予属性固定值。

“验证”选项用来在插入块时提示验证属性值是否正确。

“预设”选项用来在插入包含预设属性值的块时，将属性设定为默认值。

“锁定位置”选项用来锁定块参照中属性的位置。解锁后，属性可以相对于使用夹点编辑的块的其他部分移动，并且可以调整多行文字属性的大小。

“多行”选项用来指定属性值可以包含多行文字。选定此选项后，可以指定属性的边界宽度。

在动态块中，由于属性的位置包括在动作的选择集中，因此必须将其锁定。

“属性”选项区域用于定义块的属性数据。

“标记”选项用来标识图形中每次出现的属性。使用任何字符组合（空格除外）输

在“超链接”选择区域中，单击“插入超链接”对话框，可在该对话框中插入超链接文本。

注意，用此命令创建的块，只能由该块所在的图形中使用，其他的图形不能使用；若希望在其他图形中也能使用该块，则需要使用 WBLOCK 命令创建外部块。

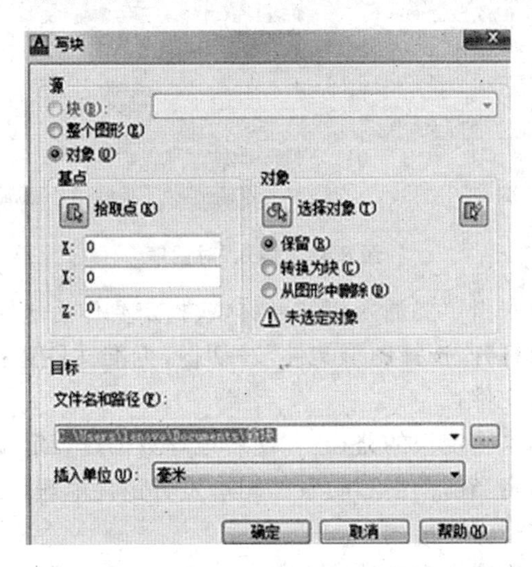

图 8-3　“写块”对话框

2. 建立外部块

建立外部块就是将选定对象保存到指定的图形文件或将块转换为指定的图形文件。在命令行输入命令 WBLOCK，则弹出 8-3 所示的“写块”对话框。

在“源”选项区就是用来指定块和对象，将其另存为文件并指定插入点。

“块”指定要另存为文件的现有块。从列表中选择名称。

“整个图形”就是选择要另存为其他文件的当前图形。

“对象”就是选择要另存为文件的对象。指定基点并选择下面的对象。

“目标”选项区就是指定外部块保存的文件名称和保存的位置以及插入块时所用的测量单位。

“文件名和路径”是指定文件名和保存块或对象的路径。

“...”是显示标准文件选择对话框。

“插入单位”是指定从设计中心拖动新文件或将其作为块插入到使用不同单位的图形中时用于自动缩放的单位值。如果希望插入时不自动缩放图形，请选择“无单位”。

8.3　插　入　块

插入块就是将已创建好的图块按照指定的位置和比例插入到图形的过程。单击插入块按钮，系统弹出“插入”对话框，如图 8-4 所示。

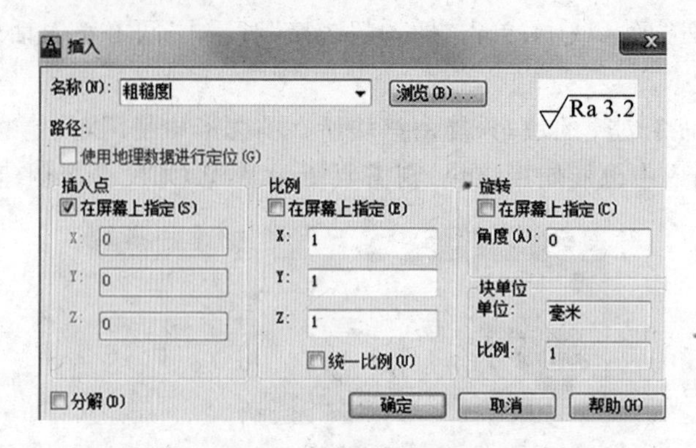

图 8-4　“插入”对话框

“名称”选项区用来指定要插入块的名称,或指定要作为块插入的文件的名称。

“浏览”按钮可以打开“选择图形文件”对话框(标准文件选择对话框),从中可选择要插入的块或图形文件。

“路径”单选框用来指定块的路径。“使用地理数据进行定位”插入将地理数据用作参照的图形。它指定当前图形和附着的图形是否包含地理数据。此选项仅在这两个图形均包含地理数据时才可用。

“插入点”选项区用来指定块的插入点。

“在屏幕上指定”选项是用定点设备指定块的插入点。

“输入坐标”选项用来为块的插入点手动输入 X、Y 和 Z 坐标值。

“比例”选项区用来指定插入块的缩放比例。如果指定负的 X、Y 和 Z 缩放比例因子,则插入块的镜像图像。

“在屏幕上指定”选项是用定点设备指定块的比例。

“输入比例系数”选项用来为块手动输入 X、Y、Z 比例因子。

“统一比例”选项用来为 X、Y 和 Z 坐标指定单一的比例值。

“旋转”选项区用来在当前 UCS 中指定插入块的旋转角度。

“在屏幕上指定”选项用定点设备指定块的旋转角度。

“输入角度”选项用来为块手动输入旋转角度。

“角度”选项用来设定插入块的旋转角度。

“块单位”选项区用来显示有关块单位的信息。

“单位”选项用来指定插入块的 INSUNITS 值。

“比例”选项用来显示单位比例因子,它是根据块和图形单位的 INSUNITS 值计算出来的。

“分解”选项区用来分解块并插入该块的各个部分。选定“分解”时,只可以指定统一比例因子。

在图层 0 上绘制的块的部件对象仍保留在图层 0 上。颜色为“BYLAYER”的对象为白色。线型为“BYBLOCK”的对象具有 CONTINUOUS 线型。

例 8-1　创建一粗糙度图块,要求粗糙度值为可修改的属性。

分析　假设图样中的文字的字高为 5,根据国家标准的规定,粗糙度符号的三角形高度为 7,总高为 15。

操作步骤如下。

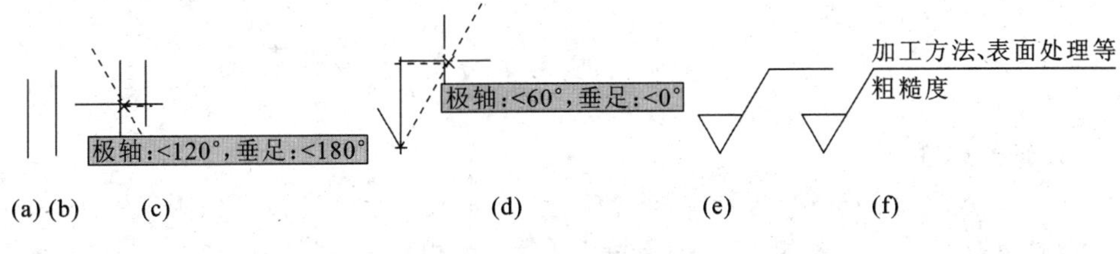

图 8-5　粗糙度符号的绘制

(1) 在绘图区分别绘制长度为 7 和 8 的两段垂直线,如图 8-5(a)、(b)所示。

(2) 将极轴追踪的角度设为 30°。

(3) 利用对象追踪,绘制三角形的两条边,如图 8-5(c)、(d)所示。

(4) 再绘制粗糙度符号,如图 8-5(e)所示。粗糙度、加工方法、表面处理等的表述如图 8-5(f)所示。

(5) 选择"绘图"|"块"|"定义属性"命令,打开"属性定义"对话框。

(6) 在"模式"选项区域中,一项都不选中。

(7) 在"属性"选项区域中,"标记"属性中输入"粗糙度","提示"属性中输入"粗糙度","值"属性中输入"Ra3.2"。

(8) "插入点"设为在屏幕上指定插入点,在"文字"选项中,设置文字的字体和字高等参数。

(9) 用相同的操作,创建一个加工方法的属性,属性的"值"可以设置为"磨",结果如图 8-6 所示。

(10) 在命令行输入"wblock"命令,单击"基点"按钮,返回绘图状态,选择粗糙度符号的最下点为插入点。在"文件名和路径处"设置图块的名称及存放的位置。单击选择对象按钮,选取粗糙度符号和块的属性,单击右键。最后单击"确定"按钮,即生成了带属性的粗糙度图块,其默认参数是粗糙度数值为"Ra3.2"和加工方法为"磨",如图 8-6 所示。

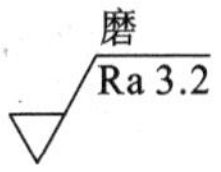

磨
Ra 3.2

图 8-6

(11) 单击"插入块"按钮,在弹出的对话框中,单击"浏览"按钮,找到粗糙度的图块,再单击"确定",屏幕提示:

指定插入点或 [基点(B)/比例(S)/X/Y/Z/旋转(R)]:

输入插入点的位置后,系统提示:

INSERT 加工方法、表面处理等〈磨〉:

可以输入"车"。

系统再提示：

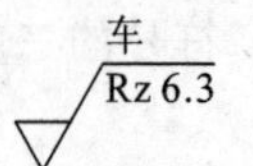

INSERT 粗糙度〈Ra 3.2〉：

输入“Rz6.3”回车，屏幕即生成粗糙度值为 Rz6.3、加工方法为“车”的粗糙度符号，如图 8-7 所示。

图 8-7

8.4 修改属性和编辑块

1. 修改属性

(1) 修改属性的标记、提示和默认值　当已定义的属性还没有依附于一个块时，选择“修改”|“文字”|“编辑”命令或双击块属性，弹出块的“编辑属性定义”对话框，如图 8-8 所示。它可以修改各属性的标记、提示和块的默认属性值。

(2) 重新定义属性插入点　当已定义的属性还没有依附于一个块时，选择“修改”|“文字”|“对正”命令，可以修改属性文本的插入点。

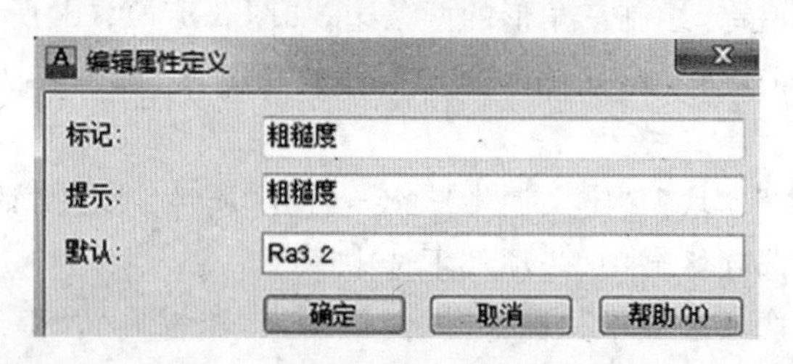

图 8-8　块的“编辑属性定义”对话框

(3) 修改属性比例　当已定义的属性还没有依附于一个块时，选择“修改”|“文字”|“比例”命令，系统提示：

输入缩放的基点选项

| SCALETEXT[现有(E) 左对齐(L) 居中(C) 中间(M) 右对齐(R) 左上(TL) 中上(TC) 右上(TR) 左中(ML) 正中(MC) 右中(MR) 左下(BL) 中下(BC) 右下(BR)]〈现有〉：

可以设置各字符串缩放时的基点，然后系统又提示：

SCALETEXT 指定新模型高度或[图纸高度(P) 匹配对象(M) 比例因子(S)]〈S〉：

若单击按钮匹配对象(M)，可以与已有文字的高度一致；单击按钮比例因子(S)，可以按给定的缩放比例因子进行缩放。

2. 编辑块的属性

若属性已依附于一个块时，可以通过以下途径修改：一是双击需要编辑的块，或选择“修改”|“对象”|“属性”|“单个”；二是在“修改 II”工具栏中单击“编辑属性”按钮，在选择一个块后，可以弹出如图 8-9 所示块的“增强属性编辑器”对话框。

在“增强属性编辑器”对话框中，单击对话框中“选择块”按钮，可以选择需要编辑的块。选中需要编辑的属性，再分别在“属性”选项卡中的“值”文本框中重新设置各个属性的初值，在“文字”选项卡中可以设置属性文本的字高、对齐方式等，在“特性”

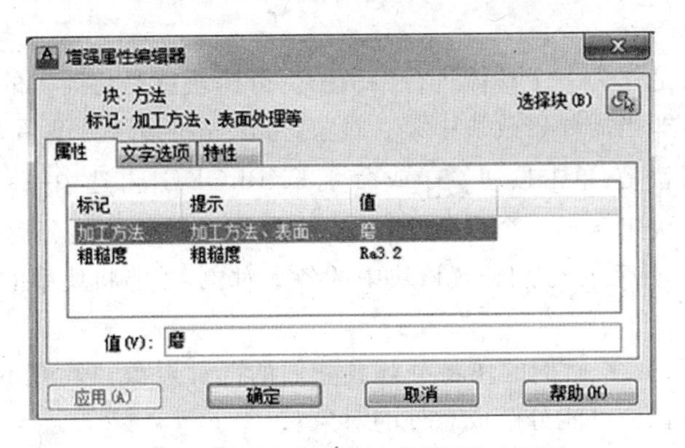

图 8-9　块的“增强属性编辑器”对话框

选项卡可以修改属性文本所在的图层等信息。

3. 块属性管理器

选择“修改”|“对象”|“属性”|“块属性管理器”命令(BATTMAN),或在“修改II”工具栏中单击“块属性管理器”按钮,弹出图 8-10 所示的“块属性管理器”对话框,可以管理块中的属性。

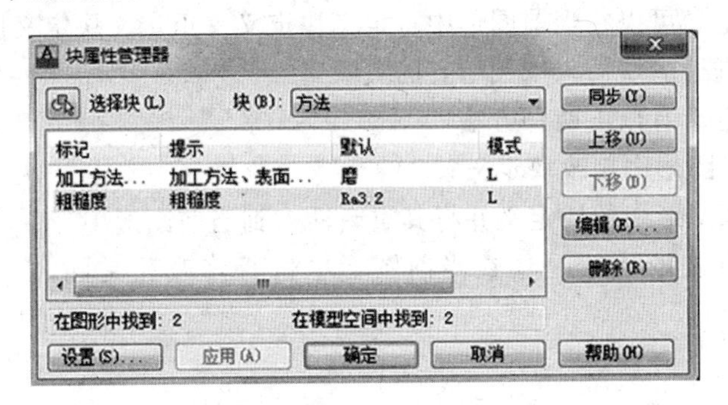

图 8-10　“块属性管理器”对话框

单击每个属性,或选中每个属性,再单击编辑按钮 编辑(E)... ,则弹出如图 8-11 所示的“编辑属性”对话框,就可以重新编辑块的各个属性。

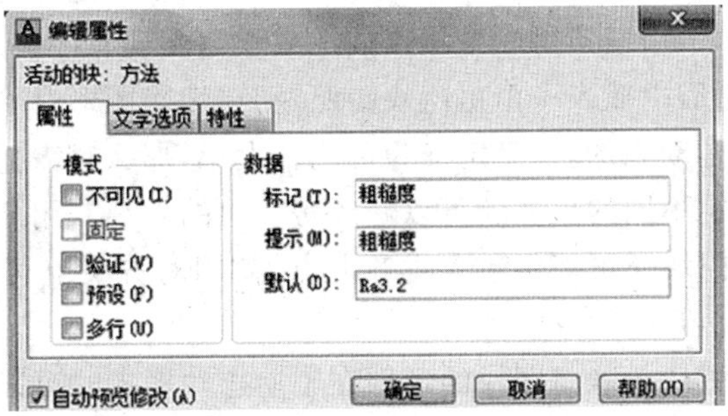

图 8-11　“编辑属性”对话框

4. 块的分解

块中的对象是作为一个整体进行编辑的。分解块就是将插入的块分解成组成块的各基本对象。即当需要修改块中某一对象,可以先将该块分解后,再进行编辑。

分解的步骤就是:单击按钮或命令 EXPLODE,再选中一块,则可删去块的组合。如果一个块包含了一个多段线和嵌套块,那么对该块的分解就首先显露出该多段线和嵌套块,然后再分别分解该块中的各个对象,才能将块中的所有对象变成一个个单独的对象。

具有相同 X、Y、Z 比例的块将分解成它们的部件对象。具有不同 X、Y、Z 比例的块(非一致比例块)可能分解成意外的对象。

当按非统一比例缩放的块中包含无法分解的对象时,这些块将被收集到一个匿名块(名称以“*E”为前缀)中,并按非统一比例缩放进行参照。如果这种块中的所有对象都不可分解,则选定的块参照不能分解。非一致缩放的块中的体、三维实体和面域图元不能分解。

若分解的块带有属性,则会删除属性值并重新显示属性定义。

5. 修改块的定义

修改块的定义可以在当前图形中重定义块定义。重定义块定义影响在当前图形中已经和将要进行的块插入以及所有的关联属性。

重定义块定义有以下两种方法:

(1) 在当前图形中修改块定义;

(2) 修改源图形中的块定义并将其重新插入到当前图形中。

选择哪种方法取决于是仅在当前图形中进行修改还是同时在源图形中进行修改。

8.5 动 态 块

动态块具有灵活性和智能性。用户在操作时可以轻松地更改图形中的动态块参照。可以通过自定义夹点或自定义特性来操作几何图形。这使得用户可以根据需要在位调整块参照,而不用搜索另一个块以插入或重定义现有的块。

例如,如果在图形中插入一个房门块参照,则在编辑图形时可能需要更改房门块的大小。如果该块是动态的,并且定义为可调整大小,那么只需拖动自定义夹点或在“特性”选项板中指定不同的尺寸就可以修改房门块的大小。用户可能还需要修改房门块的开角。该房门块还可能会包含对齐夹点,使用对齐夹点可以轻松地将房门块参照与图形中的其他几何图形对齐。

也就是说动态图块与静态图块的区别在于动态块插入时可以更改其形状、大小。

创建动态块的过程一般如下。

步骤 1:在创建动态块之前,应当了解其外观以及在图形中的使用方式。应规划动态块要实现的功能、外观、在图形中的使用方法，以及要实现预期功能需要使用哪些参数和动作。

步骤2:绘制几何图形。

可以在绘图区域或块编辑器中为动态块绘制几何图形，也可以使用图形中现有的几何图形或现有的块定义。

注意如果用户要使用可见性状态更改几何图形在动态块参照中的显示方式，可能不希望在此包括全部几何图形。有关使用可见性状态的详细信息，请参见创建可见性状态。

步骤3:了解块元素是如何共同作用的。

在向块定义中添加参数和动作之前，应了解它们相互之间以及它们与块中的几何图形的相关性。在向块定义添加动作时，需要将动作与参数以及几何图形的选择集相关联。此操作将创建相关性。向动态块参照添加多个参数和动作时，需要设置正确的相关性，以便块参照在图形中正常工作。

例如，用户要创建一个包含若干对象的动态块，其中一些对象关联了拉伸动作，同时用户还希望所有对象围绕同一基点旋转。在这种情况下，应当在添加其他所有参数和动作之后添加旋转动作。如果旋转动作并非与块定义中的其他所有对象(如几何图形、参数和动作等)相关联，那么块参照的某些部分可能不会旋转，或者操作该块参照时可能会造成意外结果。

步骤4:添加参数。

按照命令提示向动态块定义中添加适当的参数。有关使用参数的详细信息，请参见向动态块添加操作参数。

注意使用块编写选项板的"参数集"选项卡可以同时添加参数和关联动作。有关使用参数集的详细信息，请参见使用参数集。

步骤5:添加动作。

向动态块定义中添加适当的动作。按照命令提示进行操作，确保将动作与正确的参数和几何图形相关联。有关使用动作的详细信息，请参见使用动作概述。

步骤6:定义动态块参照的操作方式。

用户可以指定在图形中操作动态块参照的方式。可以通过自定义夹点和自定义特性来操作动态块参照。在创建动态块定义时，用户将定义显示哪些夹点以及如何通过这些夹点来编辑动态块参照。另外还指定了是否在"特性"选项板中显示出块的自定义特性，以及是否可以通过该选项板或自定义夹点来更改这些特性。

步骤7:测试块。

在功能区上，在块编辑器"上下文"选项卡的"打开/保存"面板中，单击"测试块"以在保存之前测试块。

用户既可以从头创建块，也可以向现有的块定义中添加动态行为，还可以像在绘图区域中一样创建几何图形。

参数和动作仅显示在块编辑器中。将动态块参照插入到图形中时，将不会显示动态块定义中包含的参数和动作。

1. 参数类型和预期相关联的动作

参数类型和预期相关联的动作如表 8-1 所示。

表 8-1　参数类型和预期相关联的动作

参数类型	夹点类型	可与参数相关联的动作
点	标准	移动、拉伸
线性	线性	移动、缩放、拉伸、阵列
极轴	标准	移动、缩放、拉伸、极轴拉伸、阵列
XY	标准	移动、缩放、拉伸、阵列
旋转	旋转	旋转
翻转	翻转	翻转
对齐	对齐	无(此动作隐含在参数中。)
可见性	查寻	无(此动作时隐含的，并且受可见性状态的控制。)
查寻	查寻	查寻
基点	标准	无

2. 夹点类型与相关联的参数

夹点类型与相关联的参数如表 8-2 所示。

表 8-2　夹点类型与相关联的参数

夹点类型	夹点在图形中的操作方式	相关联的参数
标准基	平面内的任意方向	点、点、极轴和 XY
线性	按规定方向或沿某一条轴往返移动	线性
旋转	围绕某一条轴	旋转
翻转	单击以翻转动态块参照	翻转
对齐	平面内的任意方向；如果在某个对象上移动，则使块参照与该对象对齐	对齐
查寻	单击以显示项目列表	可见性、查寻

3. 动态块中的几何约束

通过几何约束，用户可以保留两个对象之间的平行、垂直、相切或重合点，强制使直线或一对点保持垂直或水平，将对象上的点固定至 WCS。

4. 举例

现通过创建动态门图块的过程具体说明创建过程。

(1) 首先创建一个内部块。将块的名字定义为“门”，如图 8-12 所示。

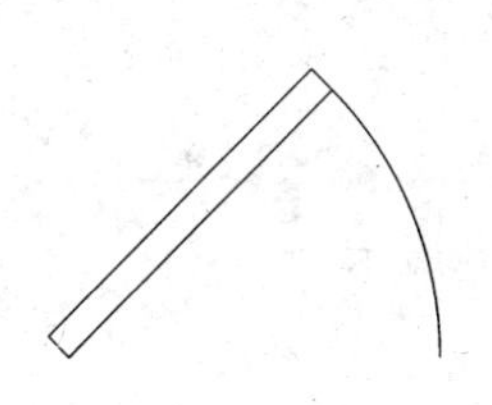

图 8-12　制作“门”块

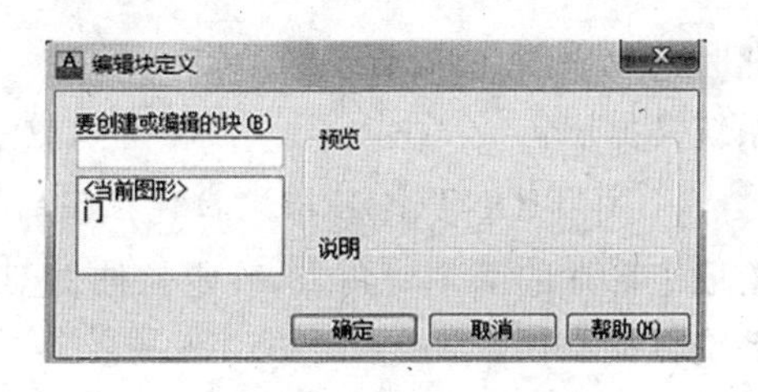

图 8-13　“编辑块定义”对话框

(2) 在命令行输入 bedit 回车，弹出“编辑块定义”对话框，如图 8-13 所示，且弹出“动态块”工具栏，如图 8-14 所示。

图 8-14　“动态块”工具栏

(3) 选择已创建的内部块“门”，进入块编辑界面，“块编写选项板”的各个选项卡如图 8-15 所示。

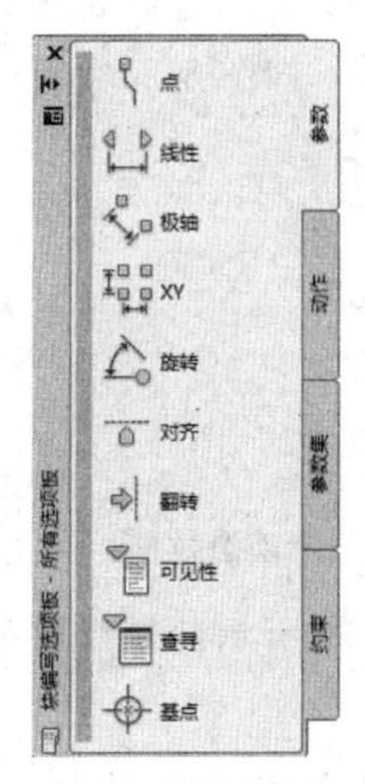

(a) 参数选项卡

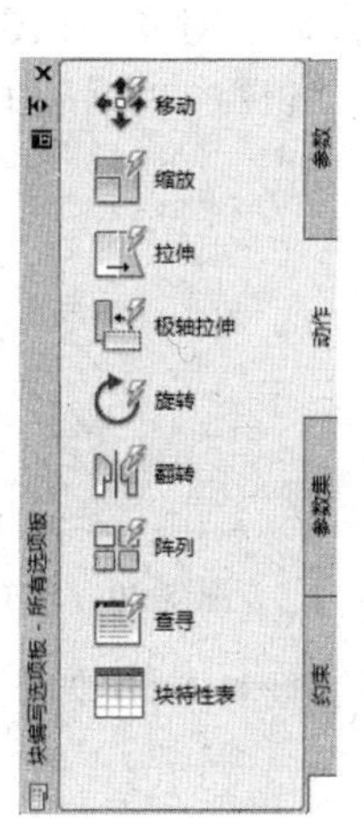

(b) 动作选项卡

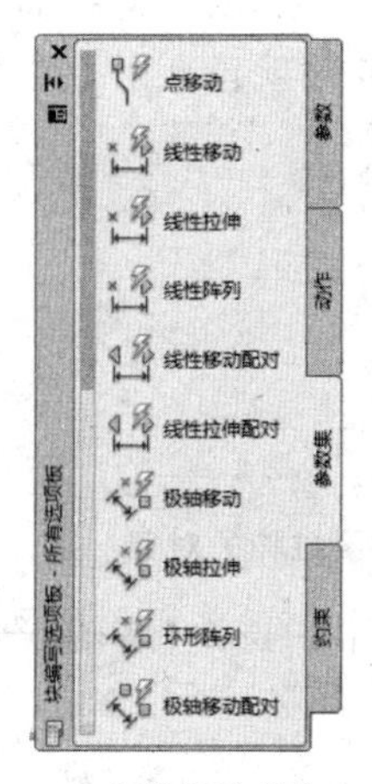

(c) 参数集选项卡

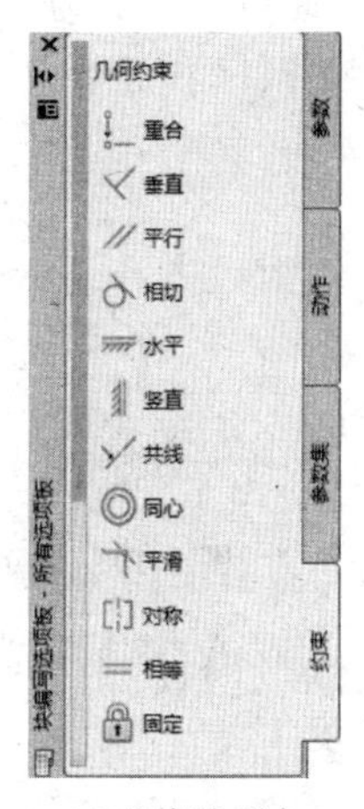

(d) 约束选项卡

图 8-15　“块编写选项板”的各选项卡

(4) 在“参数”选项卡中选取“线性”线性选项，创建如图 8-16 所示的线性参数“距离 1”。

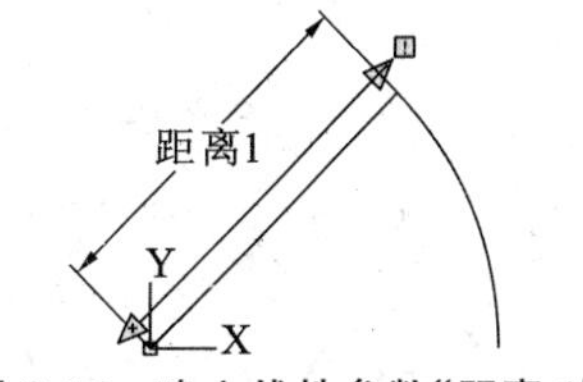

图 8-16　建立线性参数“距离 1”

(5) 单击“动作”选项卡，选择“拉伸”选项拉伸，系统提示：

BACTIONTOOL 选择参数：

选择刚创建的参数“距离 1”。

此时系统提示：

BACTIONTOOL 指定要与动作关联的参数点或输入[起点(T) 第二点(S)]〈起点〉：

此时选取如图 8-17 所示的节点。

系统又提示：

BACTIONTOOL 指定拉伸框架的第一个角点或[圈交(CP)]：

拾取矩形框的两个对角点，确定拉伸框架，如图 8-18 所示。

系统再提示：

BACTIONTOOL 选择对象：

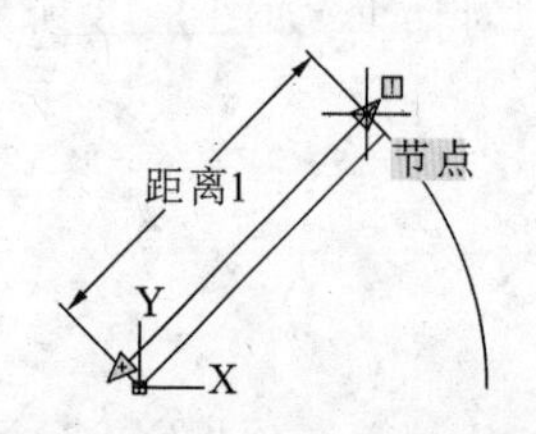

图 8-17 确定拉伸的起点

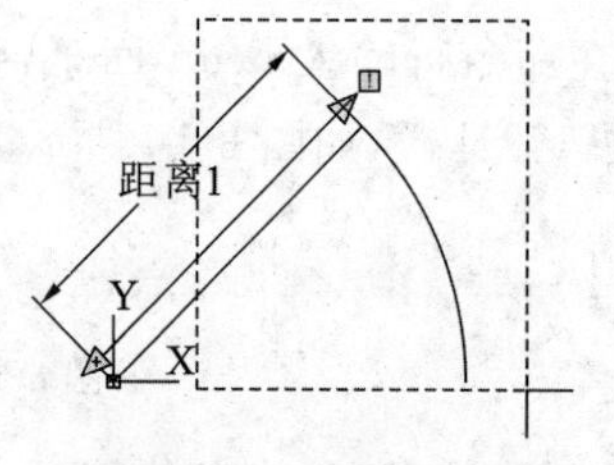

图 8-18 确定拉伸框架

此时光标变为了矩形框，依次选择需要拉伸的对象，如图 8-19 中的虚线部分所示，按鼠标右键结束。此时就建立了一个关于“距离 1”的拉伸动作，如图 8-20 所示。

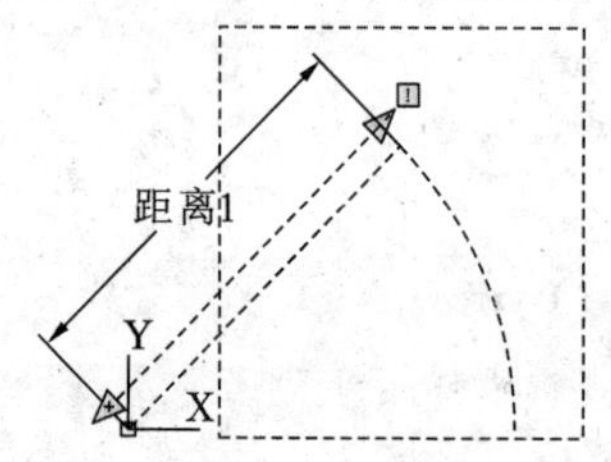

图 8-19 确定需要拉伸的对象

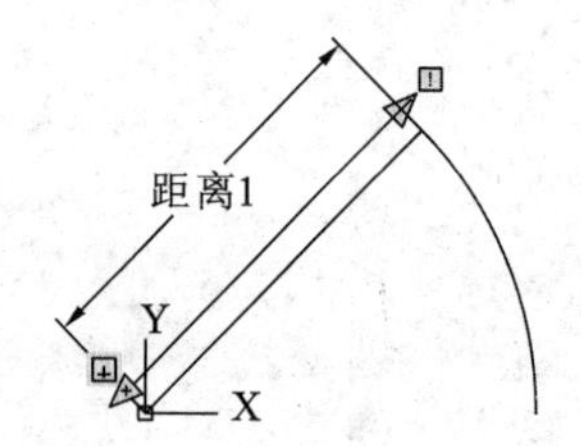

图 8-20 建立了一个动态拉伸

(6) 在“参数”选项卡中选取“旋转”选项 旋转，创建如图 8-21 所示的旋转参数“角度 1”。

(7) 在“动作”选项卡中选取“旋转”选项 旋转，再选取需要旋转的参数“角度 1”，按右键结束选择。再选择需要旋转的对象，如图 8-22 所示的虚线对象，按右键结束选择。

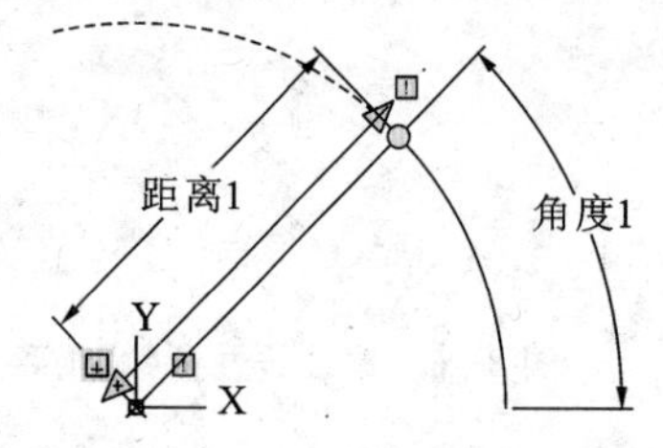

图 8-21 添加一个旋转参数“角度 1”

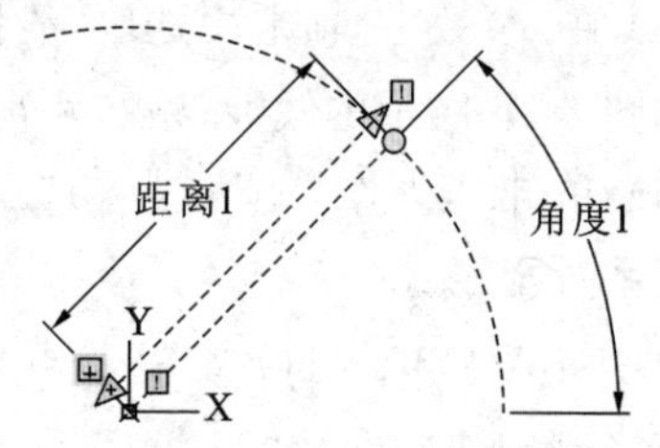

图 8-22 选取需要旋转的对象

(8) 单击“动态块”工具栏中的保存按钮，保存刚建立的动态块。

(9) 单击“动态块”工具栏中的关闭块编辑按钮关闭块编辑器(C)。

(10) 单击“绘图”工具栏中的插入图块按钮，将“门”动态块插入到适当的位置后，再单击该块，在动态块上，会出现如图 8-23 所示的夹点。若单击三角形夹点，则可拉伸块，若单击圆形夹点，则可旋转块，如图 8-24 所示。

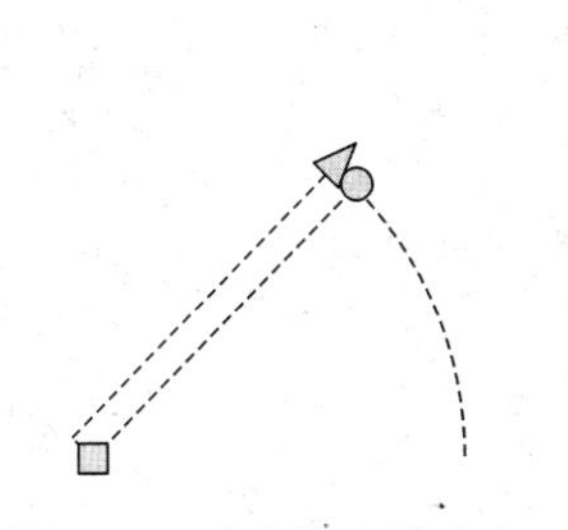

图 8-23 动态块上的夹点

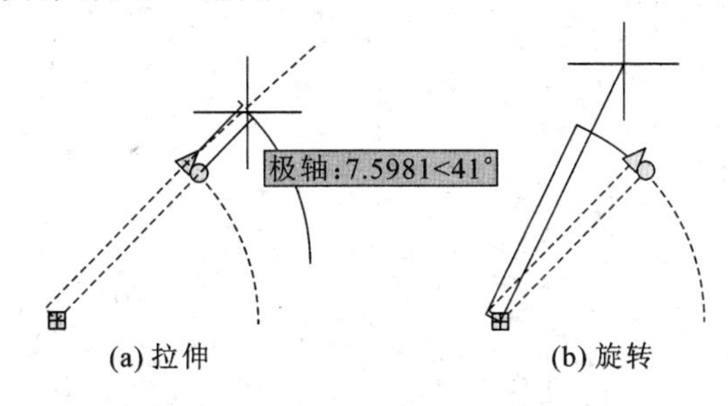

图 8-24 可以通过拖动夹点拉伸或旋转

8.6 外部参照

块的特点是一旦插入了块，该块就永久地插入当前图形中，成为当前图形的一部分。

外部参照的特点是若外部参照的方式将一图形插入到主图形中，被插入图形文件的信息并不直加入到主图形中，主图形只是记录参照的关系而已。将图形文件附着为外部参照时，可将该参照图形链接到主图形。打开或重新加载参照图形时，主图形中将显示对该文件所做的所有更改。

一个图形文件可以作为外部参照同时附着到多个图形中。反之，也可以将多个图形作为参照图形附着到单个图形。

1. 依附外部参考

选择“插入”|“外部参照(N)...”弹出如图 8-25 所示的“外部参照”选择板，单击选项板上方的“附着”按钮后面的按钮，弹出如图 8-26 所示的下拉菜单，选取其中一种参考类型，如“附着 DWG(D)...”，则弹出“选择参照文件”对话框。在该对话框中选取需要作为参照的图形文件后，弹出如图 8-27 所示的“附着外部参照”对话框。该对话框可以设置插入的外部图形的插入比例、插入时的旋转角度、插入点等信息。如插入点为“在屏幕上指定”时，单击对话框中的“确定”按钮，再在屏幕上指定插入点，即可将图形文件插入主图形中。

图 8-25 “外部参照”选项板

其中“完整路径”选项可以将外部参考的精确位置保存到主图形中。此选项的精度最高，但灵活性最小。若移动主图形的路径时，系统将无法融入任何完整路径附着的外部参考。

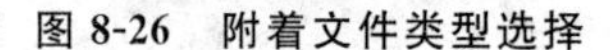

图 8-26　附着文件类型选择

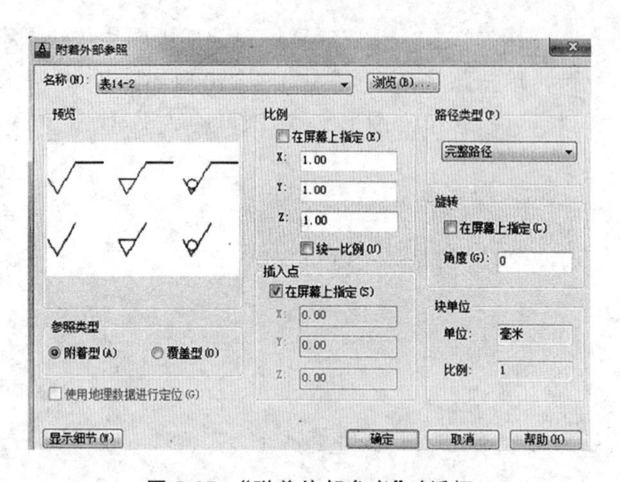

图 8-27　“附着外部参考”对话框

“相对路径”选项可保存外部参照相对于主图形的位置。移动主图形的路径时，系统可融入使用相对路径附着的外部参照，只要此外部参照相对主图形的位置未发生变化。

插入点为“在屏幕上指定”时，单击对话框中的“确定”按钮，再在屏幕上指定插入点，即可将图形文件插入到当前文件中。

2. 插入 DWG、DWF 参照底图等

插入 DWG、DWF 参照底图等的功能与附着外部参照的功能相同。其操作步骤如下：选择“插入”|“DWF 参照底图”即可。

8.7　AutoCAD 设计中心

设计中心(design center)类似于 Windows 资源管理器的界面，可管理图块、外部参照、光栅图像以及来自其他源文件或应用程序的内容，将位于本地计算机、局域网或因特网上的图块、图层、外部参照和用户自定义的图形内容复制并粘贴到当前绘图区中。如果在绘图区打开多个文档，在多文档之间也可以通过简单的拖放操作来实现图形的复制和粘贴。粘贴内容除了包含图形本身外，还包含图层定义、线型、字体等。这样资源可得到再利用和共享，提高了图形管理和图形设计的效率。

1. 设计中心窗口

选择“工具”|“选项板”|“设计中心”或按 CTRL＋2 即可打开设计中心，系统弹出如图 8-28 所示的“设计中心”选项板。

2. 设计中心的功能

设计中心通常有以下功能：

(1) 浏览和查看各种图形(DWG/DXF 等)及图像(BMP/JPG/TGA 等)文件，并可预览图像及其说明文字。浏览各种图形及图像文件的效果如图 8-29 所示。

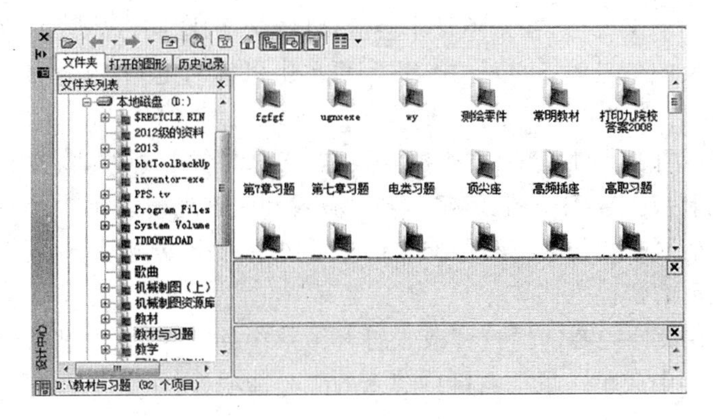

图 8-28　“设计中心”选项板

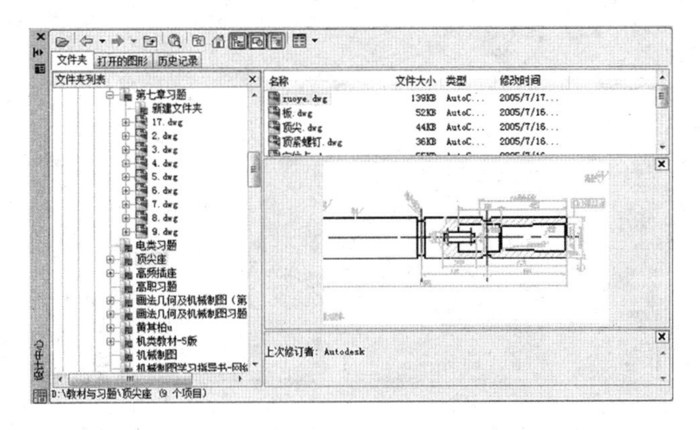

图 8-29　浏览各种图形

(2) 可以打开或浏览一个具体图形文件中的各种数据，如图层、线型、标注样式、文字样式、图块等，如图 8-30 所示。可将标注样式、文字样式直接复制并粘贴到其他图形中，还可以直接将图块插入当前图形中。

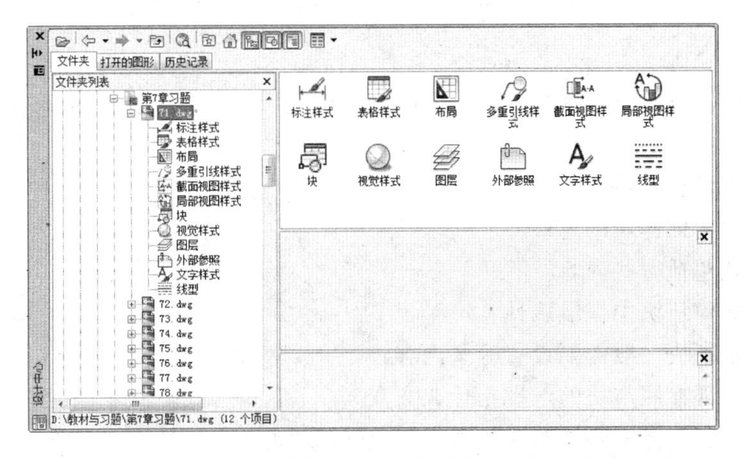

图 8-30　打开或浏览一个具体图形文件中的各种数据

如选中一图形文件后，在选项板中会显示该文件的图层、选项、各种样式、图块信息。需要浏览块的信息时，可以选中“块”，再单击鼠标右键，在弹出的下拉菜单中选取“浏览”，即可打开块的相关信息。

(3) 可以将图形文件(DWG)从控制板拖放到绘图区域中，即可打开图形；而将光栅文件从控制板拖放到绘图区域中，则可查看和附着光栅图像。

(4) 可以在本地和网络驱动器上查找图形文件，并可创建指向常用图形、文件夹和 Internet 地址的快捷方式。

(5) 可以在设计中心选择打开或未打开图形中的图块，将这些图块的信息拖动到“工具选项板”中或单击鼠标右键创建新的工具选项板，如图 8-31 所示。

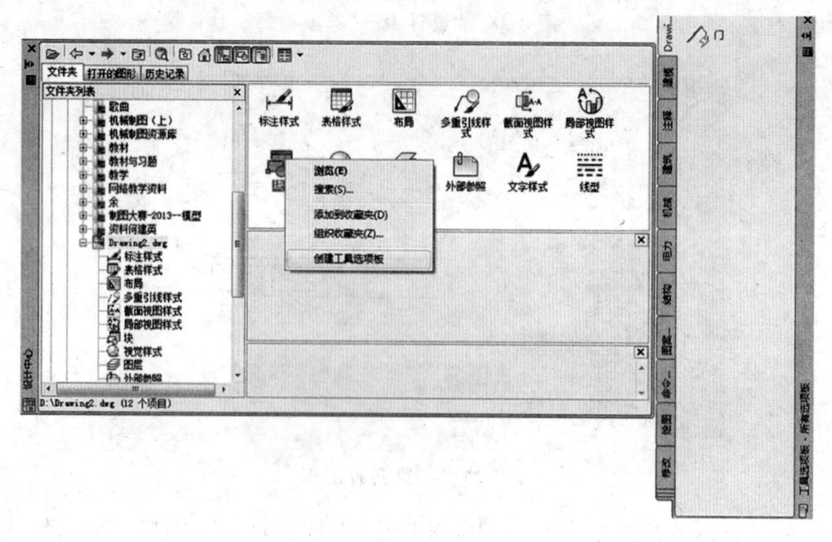

图 8-31 将图块的信息拖到“工具选项板”中

思 考 题

8-1 块的类型有哪几种？它们有哪些区别？

8-2 块有哪些特点？

8-3 如何创建块？

8-4 如何创建块的属性？

8-5 块包括哪些内容？

8-6 如何从块中提取属性？

8-7 动态块一般需要设置哪些内容？

8-8 外部参照与块的区别是什么？

8-9 工程图样中哪些对象是可以制成外部块的？

第9章　三维实体建模基础

本章重点

(1) 熟悉三维实体建模环境；

(2) 掌握UCS坐标系的变换方法；

(3) 掌握观察三维模型的方法；

(4) 掌握绘制三维点和线的方法；

(5) 掌握三维网格的创建方法；

(6) 掌握基本实体的创建方法；

(7) 掌握通过二维图形创造三维实体的方法；

(8) 掌握三维实体的布尔运算方法；

(9) 掌握三维实体的编辑方法。

随着计算机技术的发展，三维设计软件日趋成熟。三维实体模型不仅具有线和面的特征，还具有体的特征，即三维实体建模和真实物体类似，它不仅有表面物性，还有体积、重心、质量、转动惯量等物理属性。采用三维实体模型，可以完成许多在二维平面中无法完成的工作。

三维实体建模的优点具体表现在以下几个方面。

(1) 从表达方法上看，建立三维模型后，可以方便、自动地产生任意方向的平面投影和透视投影的视图、剖视、断面图等，即自动生成二维工程图、零件图及动画。

(2) 从视觉效果上看，建立三维模型后，可从任意方向观察物体的各个局部，立体感强。

(3) 从表达效果上看，三维模型可以上色，能通过材料赋值、设置灯光和场景得到十分逼真的渲染效果图。

(4) 从物理分析上看，三维实体具有质量、重心等物理属性，可用专门软件进行受力、运动、热效应等分析。

(5) 在设计过程中，它可以使设计者及时发现问题(如干涉等)、及时修改设计，提高了设计效率和质量。

(6) 在制造过程中，它能利用生成的三维模型进行数控自动编程及刀具轨迹的仿真，还能进行工艺规程设计等。

(7) 在装配过程中，可利用三维几何模型进行装配规划、机器人视觉识别、机器人运动及动力学的分析等。

因此，三维设计已成为机械设计的必然趋势，二维设计终将成为三维设计的重要补充。

9.1　三维建模环境的介绍

单击“工作空间”工具栏，如图 9-1 所示，选择“三维建模”选项，则系统进入三维建模环境，三维建模的工作界面如图 9-2 所示。

图 9-1　“工作空间”选项

图 9-2　“三维建模”的工作界面

“常用”选项卡中有建模、实体编辑、绘图、修改、坐标、视图等的面板，如图 9-3 所示。其中：“建模”面板主要用来构造简单的基本模型；“实体编辑”面板中的工具可对实体进行集合运算、切割、对称等操作。

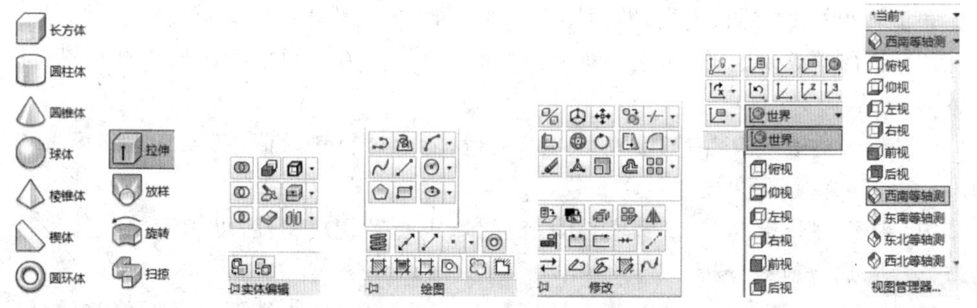

(a)“建模”面板　(b)“实体编辑”面板　(c)“绘图”面板　(d)“修改”面板　(e)“坐标”面板　(f)“视图”面板

图 9-3　“常用”选项卡

选择“视图”|“选项板”面板中的“命令行”按钮，就可以在屏幕中显示文本行，即“命令提示”窗口。单击“命令行”工具栏，可以将其拖到适当的位置，如放置在屏幕的最下方，如图 9-4 所示。

单击“视图”选项卡中的“用户界面”面板中的“工具栏”，选择“AutoCAD”选项，将弹出 AutoCAD 系统提供了 40 多个已命名的工具栏，用户可以根据需要选取特定的工具栏，将它们放在桌面上。图 9-5 所示为放在桌面上的动态观察、视觉样式和渲染工具栏。

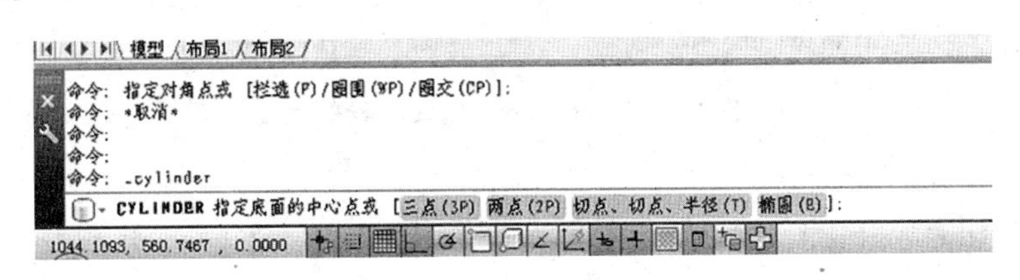

图 9-4　“命令提示”窗口

(a)“动态观察”工具栏　(b)“视觉样式”工具栏　(c)“渲染”工具栏

图 9-5　常用的三维工具栏

9.2　观察三维模型

在建模过程中，为了便于观察和建模，需要经常变动物体的方位，从不同的角度观察三维模型，系统提供了视点变换工具。在“常用”选项卡中的“视图”面板中(见图 9-3(f))，就可以在空间坐标系不变的情况下，从不同的角度观察模型。

1. 视点

视点是指观察图形的方向。为了从多个方向来观察图形，经常要显示几个不同的视图。最常用的视点是等轴测视图和标准正交视图，其中等轴测视图可以生成有立体感的图形。系统提供了俯视、仰视、主视、左视、右视、后视图及西南、东南、东北和西北等轴测视图。

在命令行输入“DDVPOINT”命令，系统弹出“视点预设”对话框，如图 9-6 所示。在默认情况下，观察角度为 WCS 坐标系；若设为 UCS 坐标系，则是相对于 UCS 坐标系的观察角度。若单击对话框中的左图，可以设置原点和视点之间的连线在 XY 平面的投影与 X 轴正向的夹角；右图的半圆形图用于设置该连线与投影线之间的夹角。若单击按钮 设置为平面视图(V) ，可以将坐标系设置为平面视图。

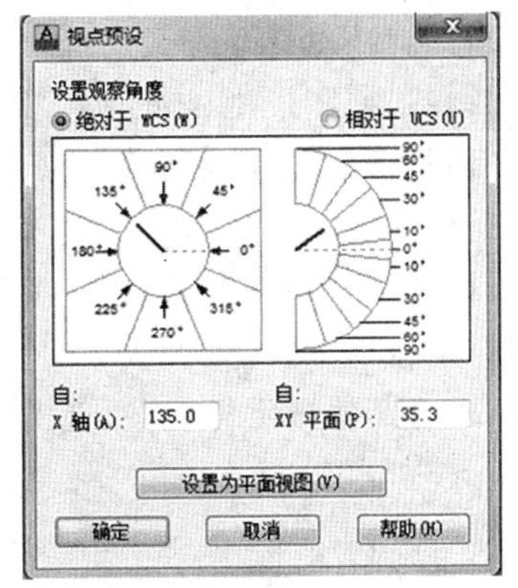

图 9-6　“视点预设”对话框

2. 三维模型的观察

在绘图区的右上角有 ViewCube 导航块和导航栏如图 9-7 所示。

(a) ViewCube导航块　　　　(b) 导航栏

图 9-7　ViewCube 导航块和导航栏

1）ViewCube 导航块

ViewCube 导航块显示在模型上绘图区域中的右上角上，且处于非活动状态。它是持续存在的、可单击和可拖动的界面，通过它可以在标准视图和等轴测视图间切换。在更改视图时，它直观反映了有关模型当前视点的当前方向。

（1）ViewCube 导航块的操作　将光标悬停在导航块上方时，导航块变为活动状态，通过拖动或点击导航块上的边、顶点或面，可以显示模型的不同方位的视图、滚动当前视图或更改为模型的主视图，如图 9-8 所示。

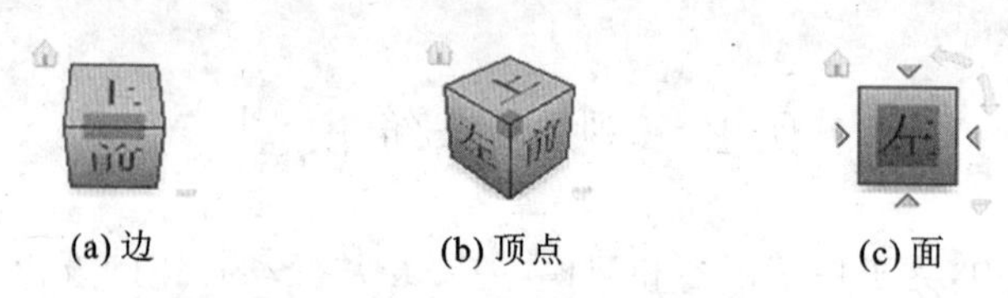

(a) 边　　　　(b) 顶点　　　　(c) 面

图 9-8　ViewCube 导航块的操作

当 ViewCube 块处于非活动状态时，默认情况下会显示为部分透明、不会遮挡模型的视图。当它处于活动状态时，是不透明的，可能会遮挡模型当前视图中的对象视图。

（2）指南针　在 ViewCube 块下方有指南针，它显示出模型的东西南北方向，如图 9-7(a)所示。既可以单击指南针上的基本方向字母以旋转模型，也可以单击并拖动指南针环以交互方式围绕轴心点旋转模型。

在当前图形中显示或隐藏 ViewCube 块的步骤是：选择“视图”选项卡中“用户界面”面板下的“用户界面”下拉菜单，再单击或清除“ViewCube”复选框即可。

按视觉样式显示或隐藏 ViewCube 块的操作步骤是：在绘图区域中单击鼠标右键，在其下拉菜单中选取“选项”，弹出“选择”对话框。在“三维建模”选项卡中的“在视口中显示工具”选项区中的“显示 ViewCube”下，单击或清除“二维线框视觉样式”或“所有其他视觉样式”复选框即可。

（3）设置 ViewCube 块大小的操作步骤　其一，将光标放在导航块上，单击鼠标右键，弹出 ViewCube 块的对话框，如图 9-9 所示；其二，在绘图区域中单击鼠标右键，在其下拉菜单中选取“选项”，弹出“选择”对话框，在“三维建模”选项卡中“三维导航”选项区，单击按钮 ViewCube(I)... ，弹出如图 9-9 所示的对话框。可根据需要修改 ViewCube 块的位置、大小、透明度等。

2）导航栏

为了便于操作视图和浏览图形以检查、修改或删除几何图元，可以使用平移视图

9-13 所示。

线框模型是使用三维的直线和曲线的真实三维对象的边缘或骨架表示。它仅仅是由描述对象边界的点、直线和曲线组成。由于构成线框模型的每个对象都必须单独绘制和定位,因此,这种建模方式可能最为耗时。线框模型可以从任何有利位置查看模型、自动生成标准的正交和辅助视图、分析空间关系,包括最近角点和边缘之间的最短距离以及干涉检查、能减少原型的需求数量、可轻松生成分解视图、可轻松生成透视图(在 AutoCAD LT 中不可用)。

系统变量 ISOLINES 用于显示线框弯曲部分的素线数目,ISOLINES 的值越大,其网线的条数越多,图形看起来更接近三维实体,如图 9-14 所示。系统变量 FACETRES 用来调整着色和消隐对象的平滑度。

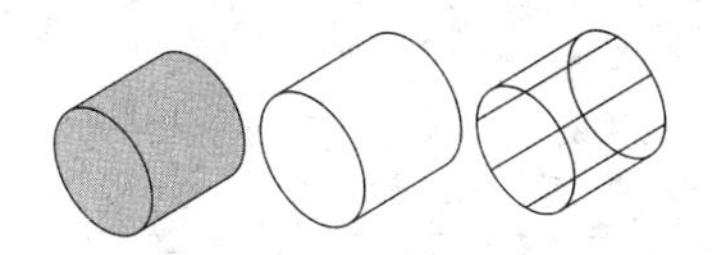

图 9-13　三种模型方式

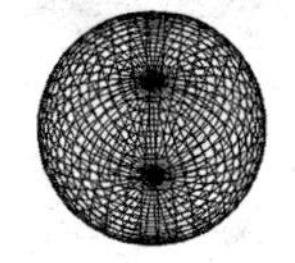

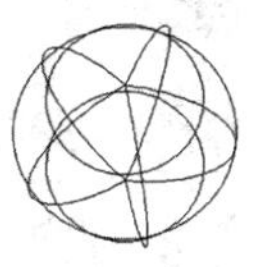

图 9-14　ISOLINES 的值分别为 40 和 5

表面模型的特点是定义了模型的表面,它比较适合于复杂的曲面设计,一般都是使用多边形网格定义曲面。多边形网格越密集,则曲面的光滑度越高。

实体模型的特点是它不仅有线和面的特征,还具有体的特征,可以对体进行布尔运算。

(2)三维模型的视觉样式　三维模型的视觉样式就是控制边、光源和着色的显示,达到控制视觉的效果。

为了更加真实地观察三维图形,AutoCAD 系统提供了以下几种视觉样式:隐藏不可见轮廓线、线框图、概念模式、真实感图形、着色模式、带边缘模式、灰度、勾图等。

“二维线框”样式:它是通过使用直线和曲线表示边界的方式显示对象的。

“概念”样式:它是使用平滑着色和古氏面样式显示对象的。古氏面样式是在冷暖颜色而不是明暗效果之间转换的。其效果缺乏真实感,但可以更方便地查看模型的细节。

“消隐”样式:它是使用线框表示法显示对象,而隐藏了表示不可见表面的轮廓线。

“真实”样式:它是使用平滑着色和材质显示对象的。

“着色”样式:它是使用平滑着色显示对象的。

“带边缘着色”样式:它是使用平滑着色和可见边显示对象的。

“灰度”样式:它是使用平滑着色和单色灰度显示对象的。

“勾画”样式:它是使用线延伸和抖动边修改器显示手绘效果的对象。

“线框”样式:它是通过使用直线和曲线表示边界来显示对象的。

“X 射线”样式:它是以局部透明度显示对象的。

三维实体的显示方式是通过“视觉样式”工具栏设置的，也可以单击“常用”选项卡上的“视图”面板第一项“视觉样式”，在弹出下拉菜单中设置显示方式，如图 9-15(a)所示。

也可以单击“视图”|“选项板”|“视觉样式”按钮，在弹出的“视觉样式管理器”对话框中设置，如图 9-15(b)所示。

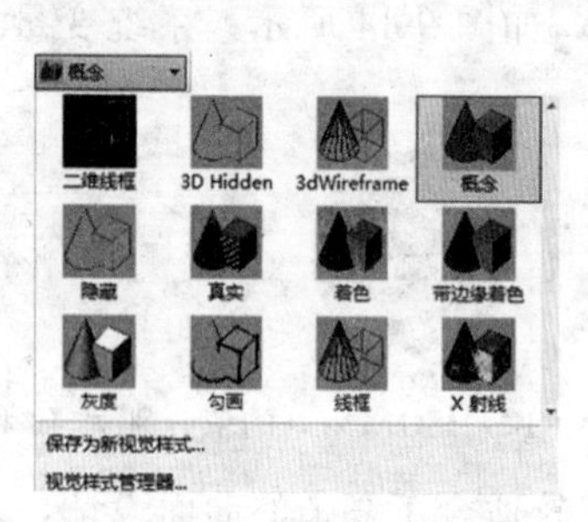

(a)“视觉样式”下拉菜单

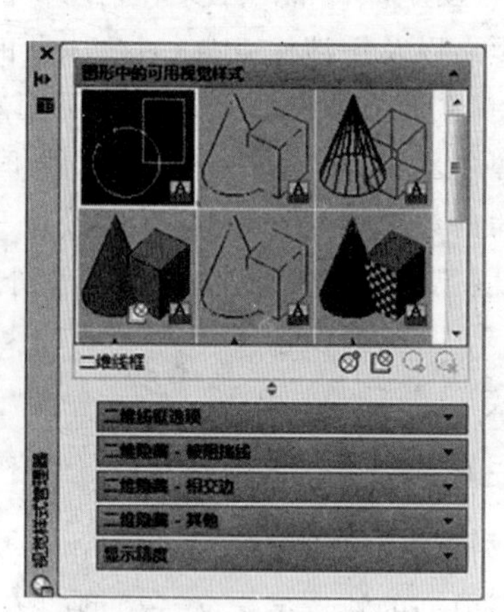

(b)“视觉样式管理器”对话框

图 9-15　视觉样式管理器

9.3　坐标系变换

为了便于创建和观察三维模型，系统提供了两种常用的坐标系：三维笛卡儿直角坐标系与圆柱坐标系。直角坐标系又分为世界坐标系(WCS)和用户坐标系(UCS)。图 9-16 所示的是世界坐标系，图中的“X”或“Y”的箭头方向表示当前坐标轴 X 轴或 Y 轴的正方向，Z 轴的正方向用右手定则判定。

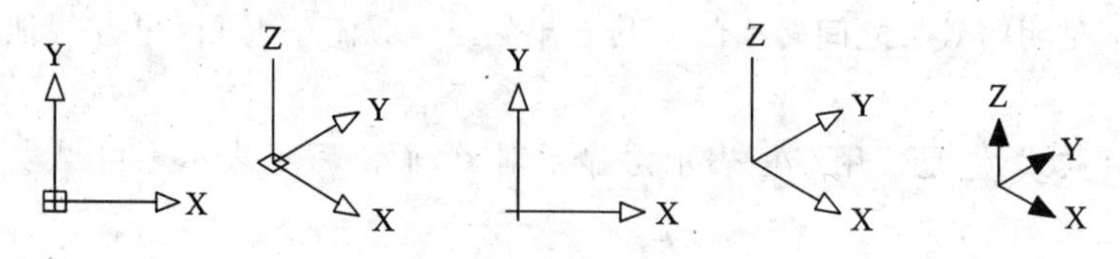

图 9-16　世界坐标系

WCS 是 AutoCAD 模型空间中唯一的、固定的坐标系，WCS 的原点和坐标轴方向不允许改变。

UCS 由用户定义，其原点和坐标轴方向可以按照用户的要求改变。

缺省状态时，AutoCAD 的坐标系是世界坐标系。对于二维绘图，在大多数情况下，世界坐标系就能满足作图需要。创建三维模型时，就需要经常在不同平面或是沿某个方向绘制图形。此时若使用 UCS 坐标系，可方便、灵活、准确地为实体定位。

坐标系变换是指改变模型空间绝对坐标系的原点和 X、Y、Z 坐标轴的方向，使坐标系处于最适合于创建模型的位置。

在"常用"选项卡中的"坐标"面板上有"UCS"菜单，"UCS"菜单与工具栏如图 9-17所示。

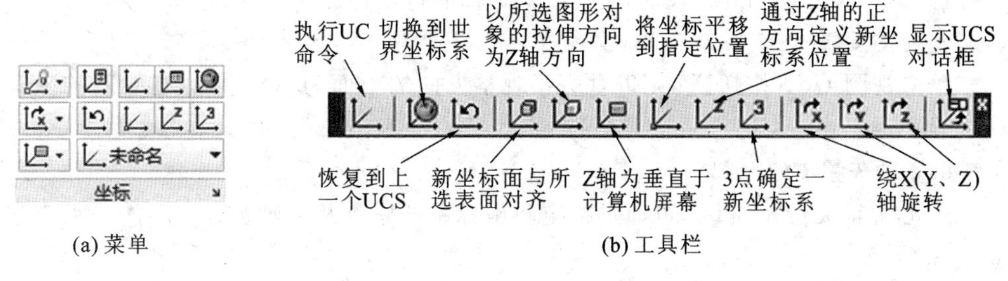

(a) 菜单　(b) 工具栏

图 9-17　"UCS"菜单与工具栏

1. 设置 UCS 的原点

单击设置 UCS 原点按钮，再单击并拖动方形原点到其新位置，则 UCS 新的原点(0,0,0)被重新定义到指定的点。新坐标系的坐标轴与原坐标系的坐标轴方向相同。若需要精确放置原点，可以使用对象捕捉、栅格捕捉或输入特定的 X、Y、Z 坐标值即可。若在输入坐标时未指定 Z 坐标值，则使用当前 Z 值。

2. 三点 UCS

单击三点 UCS 按钮，系统可以使用一点、两点或三点定义一个新 UCS。若指定单个点后按两次回车键，则当前 UCS 的原点将会移动而不会更改 X、Y 和 Z 轴的方向；若指定了第二个点后按回车键，则 UCS 旋转以将 X 轴正方向通过该点；若指定第三个点再按回车键，则 UCS 绕新的 X 轴旋转来定 Y 轴的正方向。即这三点原来指定原点、正 X 轴上的点以及正 XY 平面上的点，如图 9-18 所示。

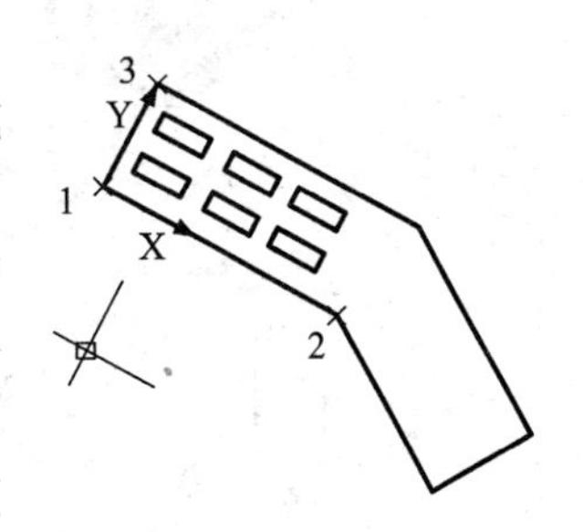

图 9-18　指定三点定 UCS

3. 坐标系切换

单击坐标系切换按钮，则可以将坐标系切换到世界坐标系。

4. 恢复到上一个 UCS

单击上一个 UCS 按钮，则返回上一个刚建立的 UCS。

5. 面 UCS

单击坐标面对齐按钮，则将 UCS 与实体对象的选定面对齐。在选择面的边界内或面的边上单击，被选中的面将亮显，UCS 的 X 轴将与找到的第一个面上最近的边对齐。

6. 对象 UCS

单击对象 UCS 按钮，则根据选定的三维对象定义新的坐标系。此选项不能用于下列对象：三维实体、三维多段线、三维网格、视口、多线、面域、样条曲线、椭圆、射线、构造线、引线、多行文字等。对于非三维面的对象，新 UCS 的 XY 平面与绘制该对象时生效的 XY 平面平行，但 X 轴和 Y 轴可作不同的旋转。如选择圆为对象，则圆的圆心成为新 UCS 的原点。X 轴通过选择点。

7. 视图 UCS

单击视图 UCS 按钮，则以垂直于观察方向的平面为 XY 平面，建立新的坐标系。UCS 原点保持不变。

8. Z 轴矢量 UCS

单击 Z 轴矢量按钮，可通过指定新坐标系的原点及 Z 轴正方向上的一点来建立坐标系。

9. X/Y/Z 轴

单击按钮，则是将当前 UCS 绕指定的 X 轴旋转一定的角度来定义新的坐标系，如图 9-19 所示。图 9-20 所示的是坐标系绕坐标轴旋转 90°时的变化。

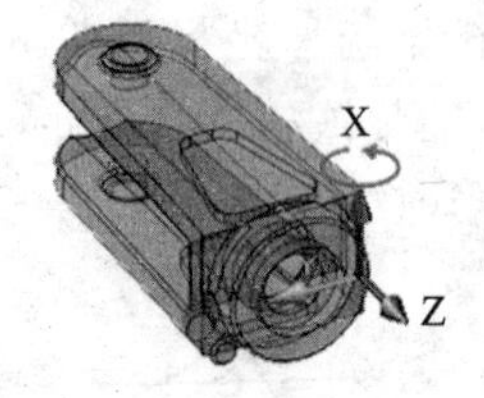

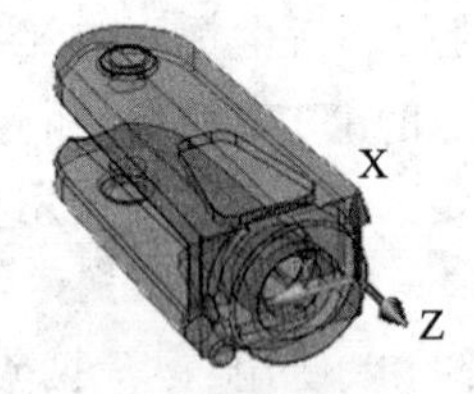

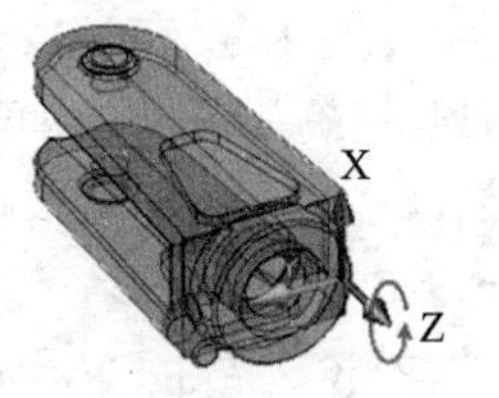

图 9-19 绕坐标轴旋转

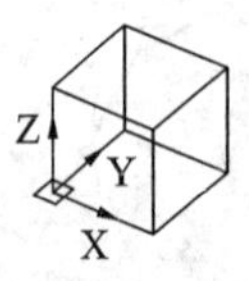

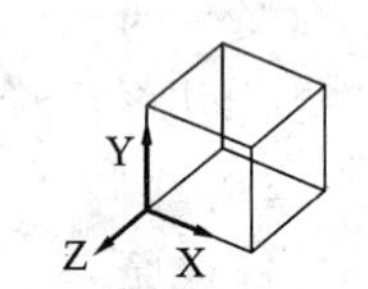

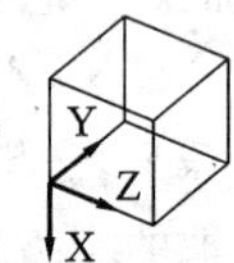

世界坐标系　绕X轴的旋转角度=90　绕Y轴的旋转角度=90　绕Z轴的旋转角度=90

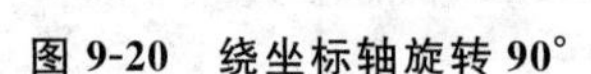

图 9-20 绕坐标轴旋转 90°

例如打开状态栏中的“动态输入”按钮，单击“绕 X 轴旋转”按钮，再在输入框中输入一数值 30，就可以新建一坐标系，新坐标系将绕 X 轴旋转 30°。

10. 管理用户坐标系

单击管理用户坐标系按钮，系统提示：

UCS 指定 UCS 的原点或[面(P) 命名(NA) 对象(OB) 上一个(P) 视图(V) 世界(W) X Y Z Z轴(ZA)]〈世界〉:

默认值是三点建立 UCS，其他选项如上按钮相对应。

9.4　绘制三维点和线

在三维空间中，点和线是构成三维模型最基本的几何元素，它是创建曲面模型的基础。在三维建模环境中绘制图线，一般默认的是在XY平面内，即绘制的直线、圆、圆弧等，系统会自动将它们放置在XY平面内。如需要确定空间的点，可以利用对象捕捉或直接输入空间点的坐标。

1. 绘制三维点

单击“常用”|“绘图”|“多点”按钮后，在命令行中输入点的三维坐标值，即可绘制三维空间的点。

也可利用捕捉功能捕捉二维或三维对象上的特殊点，如交点、中点等。“三维对象捕捉”选项卡如图9-21所示。

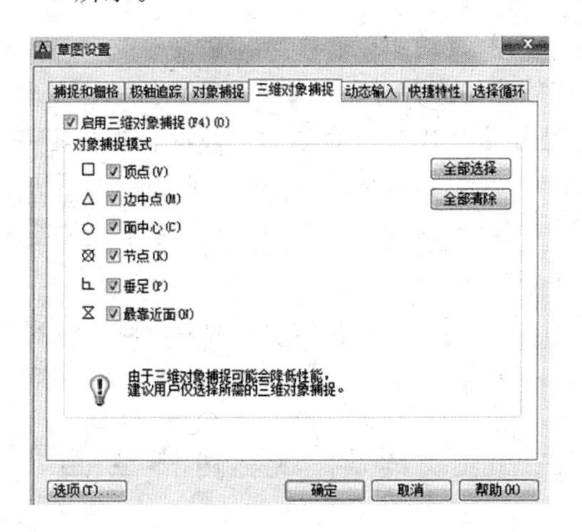

图9-21　“三维对象捕捉”选项卡

2. 绘制三维直线和曲线

单击“常用”|“绘图”|“直线”按钮或单击“构造线”按钮或“射线”按钮后，输入直线两端点的三维坐标或在屏幕上利用捕捉功能拾取两个特殊点，即可绘制一条空间直线。

三维多段线是一组可以不共面的线段和线段的组合轮廓线，它可以封闭，也可以不封闭，但是不能包括圆弧段。

单击“常用”|“绘图”|“三维多段线”按钮或输入命令3DPOLY，再依次指定端点即可绘制多段线。在三维空间绘制的多段线仅仅包括直线，三维实体的线框模型一般都是用若干条多段线组合而成的。

单击“常用”|“绘图”|“样条曲线”按钮或输入命令(SPLINE)，再依次选取样条曲线的控制点，单击鼠标右键，选取“确定”即可。在三维空间，可以利用三维样条曲线创建自由曲面，再创建曲面立体。

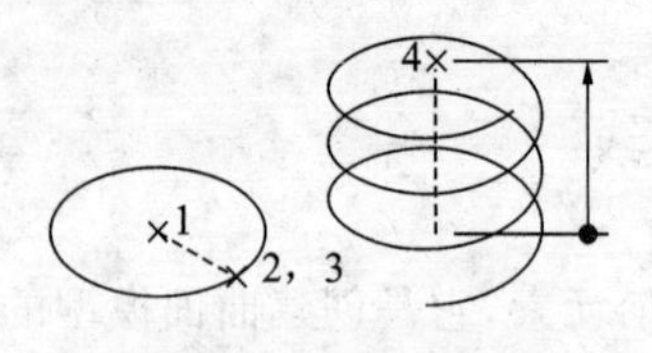

图 9-22 绘制螺旋线

图 9-22 所示的为创建螺旋线的过程，其中点“1”是螺旋线底面的中心，点“2”是底面圆的半径，点“3”是顶面圆的半径，点“4”是螺旋线的高度。

单击“常用”|“绘图”|“螺旋”按钮，系统提示：

HELIX 指定底面的中心点：

输入螺旋线底面中心的位置，再分别指定螺旋线底面和顶面的半径或直径，系统又提示：

HELIX 指定螺旋高度或[轴端点(A) 圈数(T) 圈高(H) 扭曲(W)]〈594.9575〉：

用户可以根据需要输入螺旋线的圈数 T(默认值为 3)、螺旋线各圈之间的间距 H(圈高)以及旋向等参数。

其中“轴端点”选项用来指定螺旋轴的端点位置。轴端点可以位于三维空间的任意位置。轴端点定义了螺旋的长度和方向。

“圈数”选项用来指定螺旋的圈(旋转)数。螺旋的圈数不能超过 500。执行绘图任务时，圈数的默认值始终是先前输入的圈数值。

“圈高”选项用来指定螺旋内一个完整圈的高度。当指定圈高值时，螺旋中的圈数将相应地自动更新。如果已指定螺旋的圈数，则不能输入圈高的值。

“扭曲”选项用来指定以顺时针(CW)方向还是逆时针方向(CCW)绘制螺旋。螺旋扭曲的默认值是逆时针。

螺旋线可以作为扫掠的扫掠路径来创建弹簧、螺纹和环形楼梯等。

灵活运用 UCS 坐标及绘制空间线的功能可以绘制三维线框模型。

9.5 绘制三维网格曲面

在 AutoCAD2013 中，可以通过定义网格的边界来绘制旋转网格、平移网格、直纹网格和边界网格。

创建网格曲面的面板在“网格”选项卡中，如图 9-23 所示。空间的面其特点是既没有厚度，也没有质量；不透明的表面是可以消隐的，否则消隐命令失效。

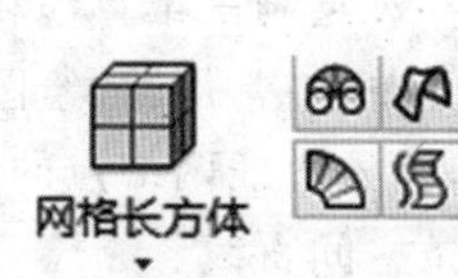

图 9-23 “网格”面板

1. 自定义多边形网格或多面网格

自定义多边形网格或多面网格就是通过指定顶点来创建自定义多边形网格或多面网格，其命令有 3DMESH、PFACE 和 3DFACE 命令创建网格。其中 3DFACE 命令创建的三维面是由三条或四条边组成的平面，由它可以组合成较复杂的三维平面。

在命令行输入“3DFACE”，系统提示：

3DFACE 指定第一点或[不可见(I)]：

在屏幕上拾取第一个点，再按顺时针或逆时针顺序输入第二个点和第三点后，既可以按 Enter 键，也可以输入第四个点，即可创建一个三角形平面或四边形平面，分别如图 9-24 和图 9-25 所示。如果将所有的四个顶点定位在同一平面上，那么将创建一个类似于面域对象的平整面。当着色或渲染它时，该平整面会被填充。

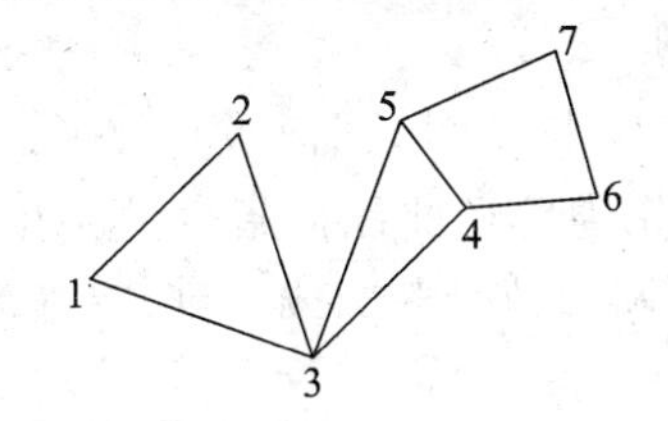

图 9-24 输入第三点后按回车键

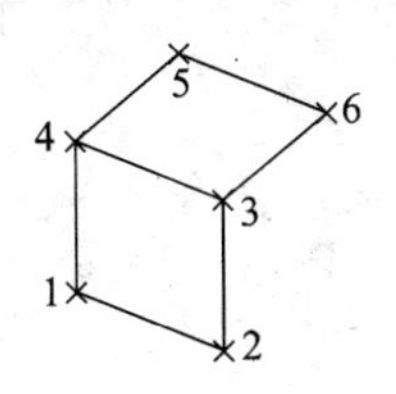

图 9-25 依次输入第 4、5、6 点

若单击按钮不可见(I)，再输入一点，则该边为不可见。通过控制三维面各边的可见性，可以建立有孔对象的正确模型。

不可见属性必须在使用任何对象捕捉模式、XYZ 过滤器或输入边的坐标之前定义。也可以创建所有边都不可见的三维面。这样的面是虚幻面，它不显示在线框图中，但在线框图形中会遮挡形体，三维面确实显示在着色的渲染中。

2. 创建旋转网格

旋转网格是指通过将轮廓线绕指定轴旋转来创建与旋转曲面近似的网格，如图 9-26 所示。在创建旋转网格之前，需先创建一条直线和一条轮廓线，直线将作为旋转轴，轮廓线作为旋转对象。轮廓线可以包括直线、圆、圆弧、椭圆、椭圆弧、多段线、样条曲线、闭合多段线、多边形、闭合样条曲线和圆环等。

选择“网格”选项卡|“图元”面板|“旋转曲面”按钮，选取对象作为轮廓线，再选择一条直线作为旋转轴，最后再指定起点角和包含角。如用多段线作为旋转轴，则它的首尾端点连线为旋转轴。

若指定的起点角不为零，则将在与路径曲线偏移该角度的位置生成网格。包含角用于指定网格绕旋转轴延伸的距离。

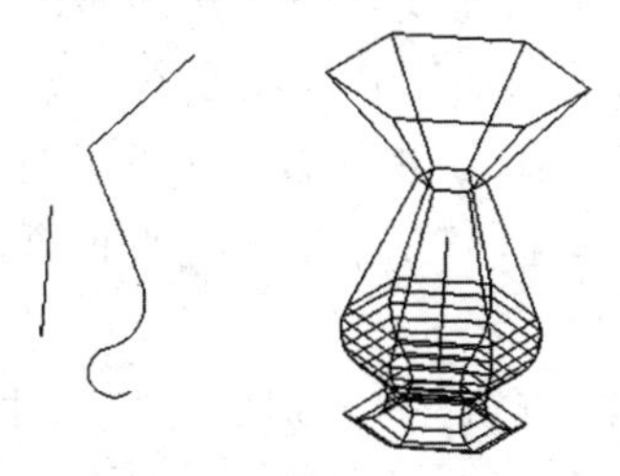

图 9-26 旋转网格

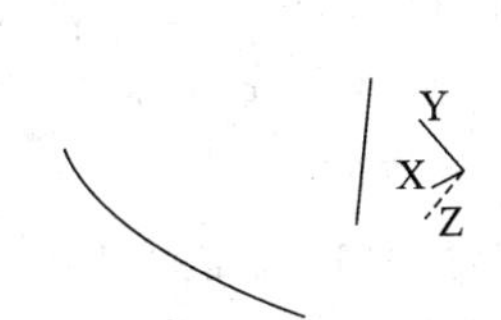

图 9-27 平移网格

3. 创建平移网格

平移网格是指沿直线路径扫掠的直线或曲线创建网格，它是一种常规展平曲面的网格。它是由直线或曲线的延长线(称为路径曲线)按照指定的方向和距离(称为方向矢量或路径)定义的。

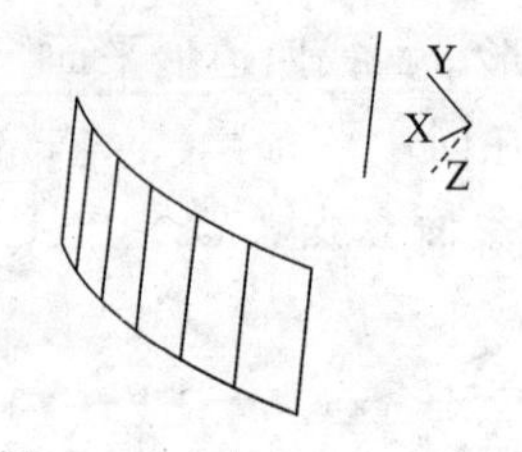

图 9-28 平移网格的结果

首先选择“常用”|“绘图”|“直线”按钮，在 XY 平面内绘制一条直线，再选择“常用”|“坐标”|“绕 X 轴旋转”按钮，将坐标系绕 X 轴旋转一定的角度后，绘制一条圆弧，如图 9-27 所示。

选择“网格”选项卡|“图元”面板|“平移曲面”按钮，指定一个对象作为路径曲线即指定沿路径扫掠的对象，它可以是直线、圆弧、圆、椭圆或二维/三维多段线，如图 9-27 中的圆弧。

再指定用于定义方向矢量的开放直线或多段线，如图 9-27 中的直线，则网格将从方向矢量的起点延伸至端点，平移网格的结果如图 9-28 所示。

4. 创建直纹网格

直纹网格是指在两条直线或曲线之间创建的一种直纹曲面的网格。

选择“网格”选项卡|“图元”|“直纹曲面”按钮，选择要用做第一条定义曲线的对象，如图 9-27 中的直线。再选择一个对象作为第二条定义曲线，如图 9-27 中的圆弧，则生成如图 9-29 所示的平面直纹网格。若第一条选择圆弧，第二条选择直线，则生成如图 9-30 所示的立体直纹网格。

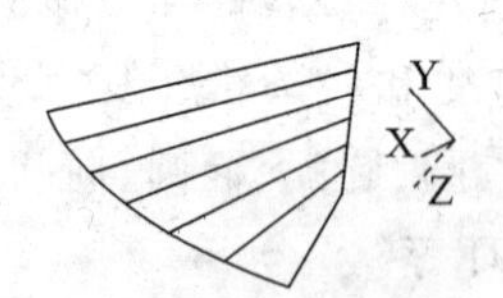

图 9-29 平面直纹网格

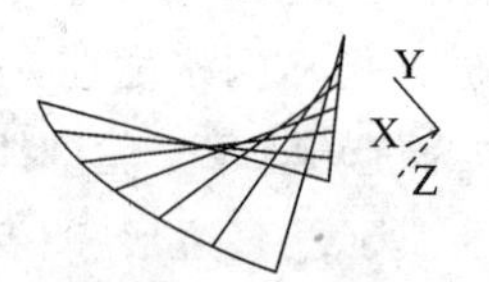

图 9-30 立体直纹网格

网格线段在定义曲线之间绘制。线段数等于在 SURFTAB1 系统变量中设定的值。

5. 创建边界定义的网格

创建边界定义的网格就是在四条相邻的边或曲线之间创建网格，此网格近似于一个由四条邻接边定义的孔斯曲面片网格。孔斯曲面片网格是在四条邻接边（这些边可以是普通的空间曲线）之间插入的双三次曲面。现通过一实例说明其创建过程。

(1) 选择“常用”选项卡|“视图”|“三维导航”中的“西南等轴测”按钮 西南等轴测 方向。

(2) 选择“常用”选项卡|“建模”|“长方体”按钮，分别确定长方体底面矩形框的大小及长方体高度，生成一长方体模型。

(3) 选择“常用”选项卡|“坐标”|“面”按钮，选取长方体中的一个面，按鼠标右键，并选择“确定”，则 UCS 的 XY 平面就在该平面上，如图 9-31(a)所示，再单击“绘图”|“圆弧”按钮，在该面上绘制一段圆弧，如图 9-31(b)所示。注意一定要打开对象捕捉和三维对象捕捉功能。

(4) 再按照步骤(3)所示，分别在其他三个面上绘制相连的直线或曲线，如图

9-31(c)所示。

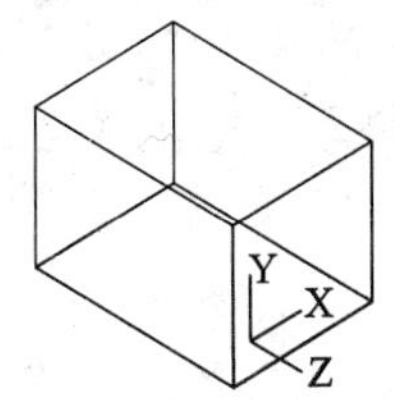

(a) 选定XY平面

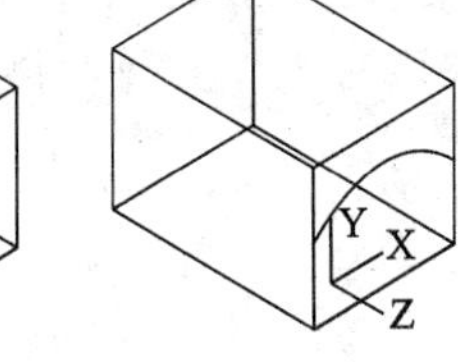

(b) 绘制一段圆弧

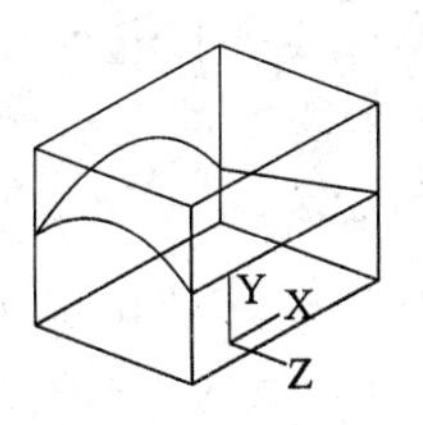

(c) 绘制相连的直线或曲线

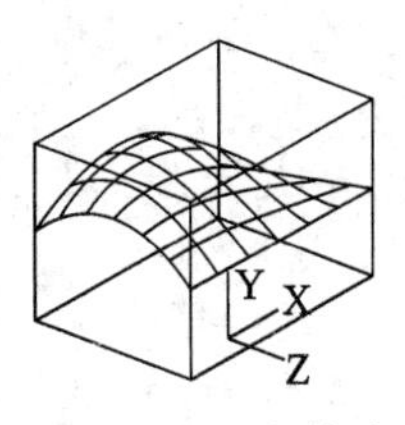

(d) 选定四条邻接边

图 9-31　创建边界定义的网格

(5) 选择“网格”选项卡 |“图元”面板| “边曲面”按钮，再依次选择刚绘制的四个对象作为定义网格片的四条邻接边，则生成如图 9-31(d)所示网格。

作为边界的四个对象应该是可形成闭合环且共享端点的圆弧、直线、多段线、样条曲线或椭圆弧等。其中选择的第一条边可确定网格的经线方向。该方向是从距选择点最近的端点延伸到另一端。与第一条边相接的两条边形成了网格的纬线（SURFTAB2）方向的边。网格的分段数由系统变量 SURFTAB1 确定的。

9.6　创建基本实体

在 AutoCAD2013 中，使用“常用”|“建模”面板的命令，或使用“建模”工具栏，可以绘制如长方体、圆柱、球等基本实体模型，“建模”工具栏如图 9-32 所示。

注意：系统默认的方式是以 XY 平面为底面创建长方体、圆柱或圆锥体等的。

图 9-32　“建模”工具栏

1. 创建多段体

多段体是指具有固定高度和宽度的直线段和曲线段的墙，如图 9-33 所示。使用命令定义轮廓时，可以将实体的宽度和高度设定为左对正、右对正或居中。对正方式由轮廓的第一条线段的起始方向决定。

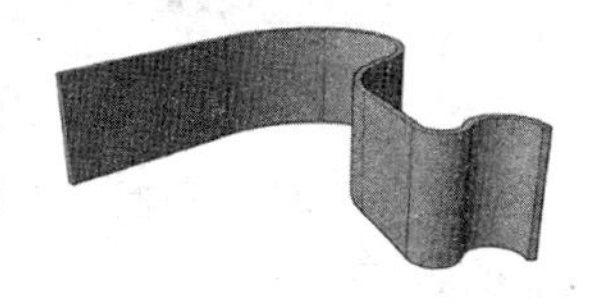

图 9-33　多段体

单击“常用”|“建模”中的按钮，在命令行出现工具栏：

POLYSOLID 指定起点或[对象(O) 高度(H) 宽度(W) 对正(J)]〈对象〉：

在命令行输入 H(高度)并输入多段体对象的高度，再输入 W(宽度)并输入宽度，指定起点，指定下一个点。在命令提示下输入 A(圆弧)或 L(直线)就可以在直线和曲线段之间切换。若要完成对象，则按 Enter 键，若输入 C(关闭)则将起点连接到端点。

2. 创建长方体与楔体

在 AutoCAD 2013 中创建的长方体，其底面位于当前的 UCS 坐标系中的 XY 平面内，即各棱边分别与当前 UCS 的 X 轴、Y 轴和 Z 轴平行。创建长方体的步骤是先确定长方体的底面（矩形）大小，再给出长方体的高度。

单击“常用”|“建模”中的按钮，在命令行出现工具栏：

BOX 指定第一个角点或[中心(C)]：

可通过指定底面矩形的对角两点或矩形中心与一顶点来确定长方体底面矩形的大小，再通过指定长方体的高度即可创建长方体，如图 9-34 所示。

楔体是长方体沿对角线切成两半后的结果，因此绘制楔体的方法与绘制长方体相同，如图 9-35 所示。

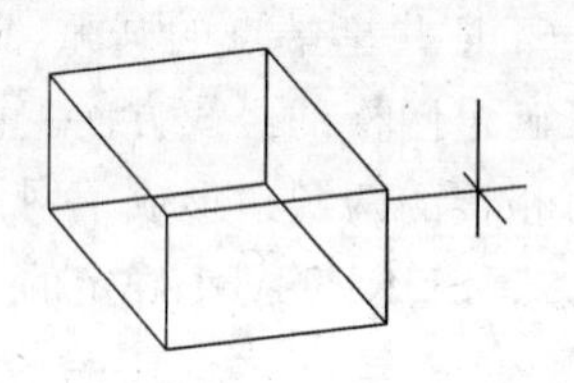

图 9-34　长方体

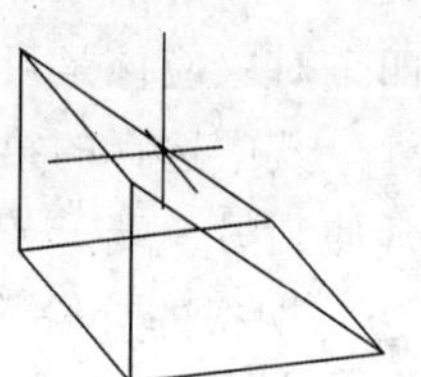

图 9-35　楔体

3. 创建圆柱体和圆锥体

绘制圆柱体和圆锥体的方法类似，其底面在当前的 UCS 坐标系的 XY 坐标面内，高度方向为 Z 轴方向。创建步骤是先确定底圆的位置和大小，再定高度。创建底圆的方式可以通过命令行确定。

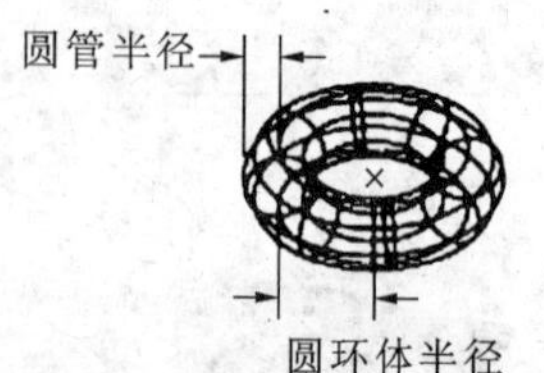

图 9-36　圆环体的建模

4. 创建球体和圆环体

球体的创建是在提示信息下指定球体的圆心位置，再输入或指定球体的半径或直径即可。

圆环体是可以通过指定圆环体的圆心、半径（或直径），以及围绕圆环体的圆管的半径（或直径）来创建的。创建圆环体时，需要指定圆环的中心位置、圆环体的半径或直径，以及圆管的半径或直径，如图 9-36 所示。

5. 创建棱锥面

系统可以创建最多具有 32 个侧面的实体棱锥体。它可以是倾斜至一个点的棱锥体，也可以是从底面倾斜至平面的棱台，如图 9-37 所示。其操作过程如图 9-38 所示。

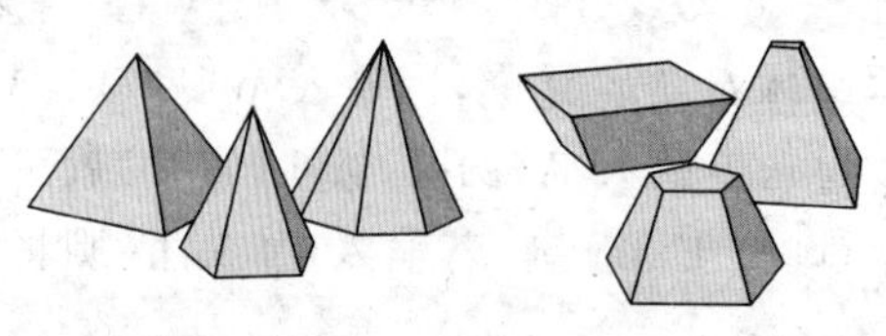

图 9-37　实体棱锥体

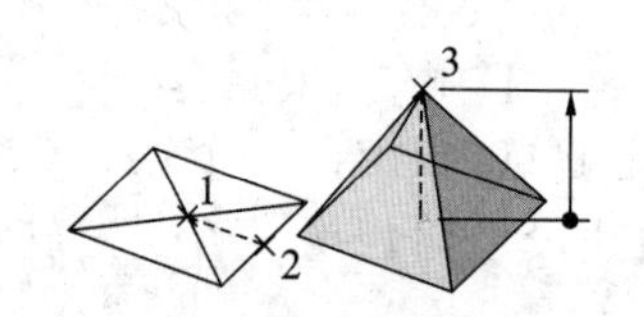

图 9-38　操作过程

创建的棱锥面是以正多边形为底的正棱锥，其底面在当前 UCS 坐标系中的 XY 坐标面上。当顶面的半径为 0 时，创建的是棱锥，若顶面的半径不为 0，则创建的是棱台。底面的边数可以通过设置“侧面(S)”来确定。

单击创建棱锥面按钮，系统提示：

PYRAMID 指定底面的中心点或[边(E) 侧面(S)]：

单击命令行按钮侧面(S)，可输入底面多边形的边数，如“6”，系统提示：

PYRAMID 指定底面的中心点或[边(E) 侧面(S)]：

可指定底面多边形的中心，系统提示：

PYRAMID 指定底面半径或[内接(I)]〈320.6408〉：

可输入底面多边形内切圆半径，如“40”，系统提示：

PYRAMID 指定高度或[两点(2P) 轴端点(A) 顶面半径(T)]〈470.7417〉：

系统默认的顶面多边形的内切圆半径为 0，若单击命令行按钮顶面半径(T)，可输入顶面多边形内切圆半径，如“20”。系统提示：

PYRAMID 指定高度或[两点(2P) 轴端点(A)]〈470.7417〉：

输入棱锥的高度，如 10，系统则自动生成了高度为 10、底面内切圆半径为 40、顶面内切圆半径为 20 的正六棱台。

9.7　通过二维图形创建实体

三维实体也可以通过对二维平面图形的拉伸、旋转、放样和扫掠等方式生成。二维图形若是开放的，则创建曲面；若是闭合的，则根据具体设置创建实体或曲面。

二维绘图命令系统默认是在 XY 平面内绘制的。因此在绘制二维平面图形之前，应利用 UCS 坐标变换将坐标系变换到适当的位置，再在 XY 平面内绘制二维封闭的图形。如图 9-39 所示，可将 XY 平面设置在长方体的底面，通过将 UCS 坐标系绕 X 轴旋转 90°，则可将 XY 平面设置在长方体的前端面，如图 9-40 所示，再就可以在长方体前端面绘制平面图形，如图 9-41 所示。

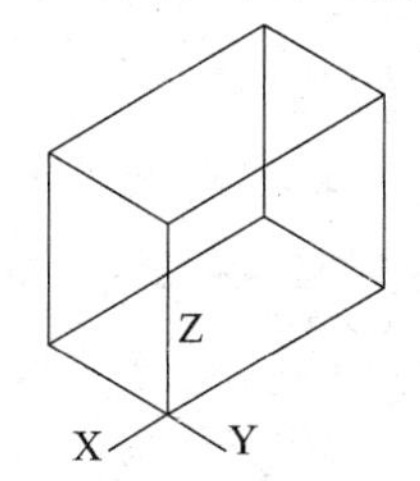

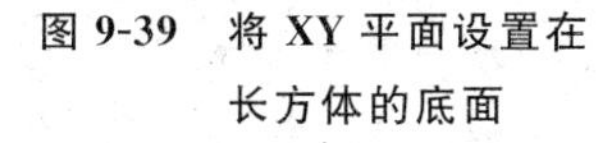
图 9-39　将 XY 平面设置在长方体的底面

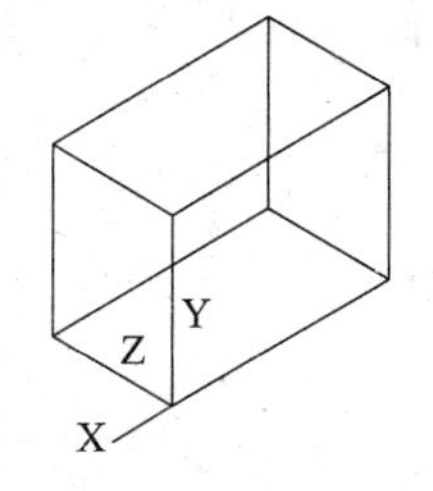

图 9-40　将 XY 平面设置在长方体的前端面

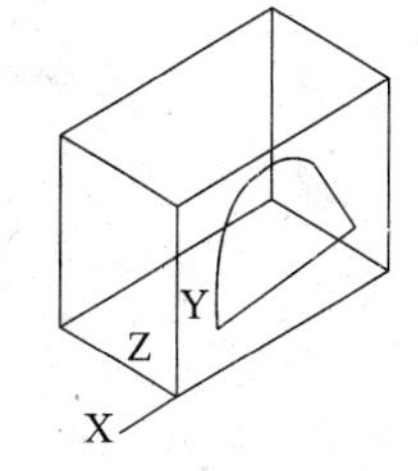

图 9-41　在长方体前端面绘制平面图形

1. 将二维图形拉伸形成实体

拉伸是指沿垂直方向将二维对象的形状延伸到三维空间，它是创建三维实体最常用的一种方法,适用于创建厚度均匀的模型,创建拉伸实体的步骤如下。

(1) 在 XY 平面内创建拉伸面的二维平面图形,如图 9-42(a)所示。

(2) 单击"常用"|"建模"|"拉伸"按钮,系统提示:

EXTRUDE 选择要拉伸的对象或[模式(MO)]:

若单击命令行按钮模式(MO),可以选择性地设置拉伸生成的是实体还是曲面。

选取需要拉伸的二维平面图形即拉伸面,单击鼠标右键,选择"确定",系统提示:

EXTRUDE 指定拉伸的高度或[方向(D) 路径(P) 倾斜角(T) 表达式(E)]〈35.1570〉:

若直接给出拉伸高度,则拉伸的实体与拉伸面垂直,如图 9-42(b)所示。拉伸高度值可以为正或负值,它们代表了拉伸的方向。

若单击命令行中的按钮倾斜角(T),输入拉伸斜度及拉伸高度后,即可拉伸带有锥度的实体,如图 9-42(c)所示。拉伸角度也可以为正或负值,其绝对值不大于 90°;如果为正值,将产生内锥度,生成的侧面向里靠;如果为负值,将产生外锥度,生成的侧面向外。

若单击命令行中的按钮方向(D),再选取两点作为拉伸方向和长度,如图 9-43(a)所示的直线的两个端点,即可按该方向拉伸实体,如图 9-43(b)所示。

若单击命令行中的按钮路径(P),再选取拉伸路径,如图 9-44 所示的曲线后,即可按所选的路径拉伸实体,如图 9-44 所示。

当然也可以数学表达式控制拉伸高度。

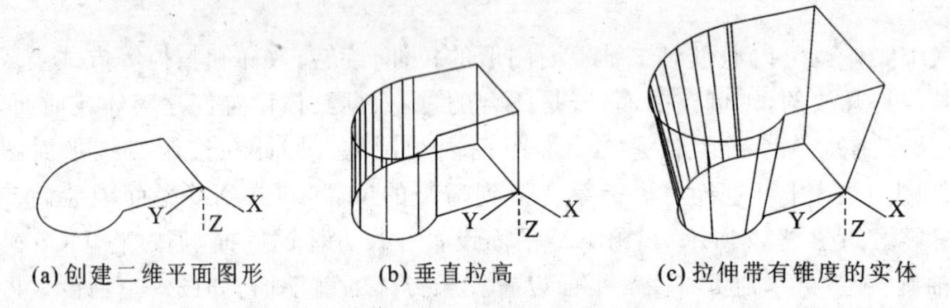

(a) 创建二维平面图形　　(b) 垂直拉高　　(c) 拉伸带有锥度的实体

图 9-42　将二维图形拉伸形成实体

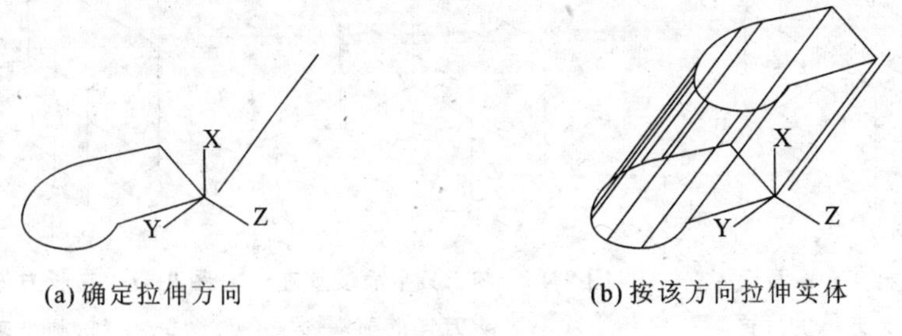

(a) 确定拉伸方向　　(b) 按该方向拉伸实体

图 9-43　按指定方向拉伸实体

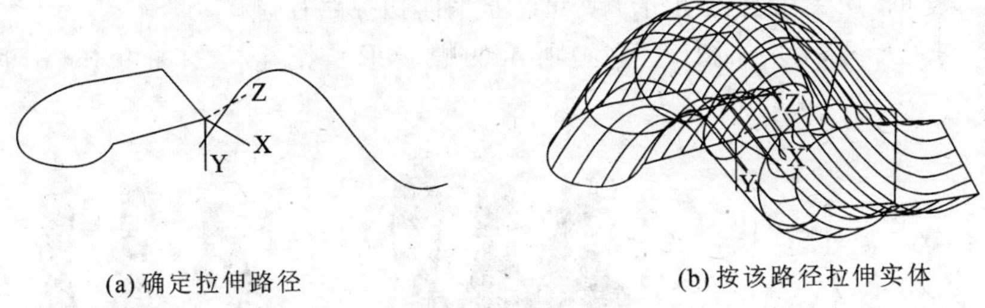

(a) 确定拉伸路径　　(b) 按该路径拉伸实体

图 9-44　按指定路径拉伸实体

2. 将二维图形旋转形成实体

将二维图形旋转形成实体就是将一封闭对象绕当前 UCS 的 X 轴或 Y 轴旋转一定的角度生成实体或曲面。也可以绕直线、多段线或两个指定的点旋转对象，如图 9-45所示。

用于旋转的二维对象可以是封闭多段线、多边形、圆、椭圆、封闭样条曲线、圆环及封闭区域等。三维对象、包含在块中的对象、有交叉或自干涉的多段线不能被旋转，而且每次只能转转一个对象。

单击“常用”|“建模”|“旋转”按钮，选取需要旋转的二维对象后，系统提示：

REVOLVE 指定轴起点或根据以下选项之一定义轴[对象(O) X Y Z]〈对象〉:

可以通过指定两个端点或指定 X、Y 或 Z 轴，或者指定一直线来确定旋转轴，最后再输入旋转的角度，即可生成一旋转实体或曲面。

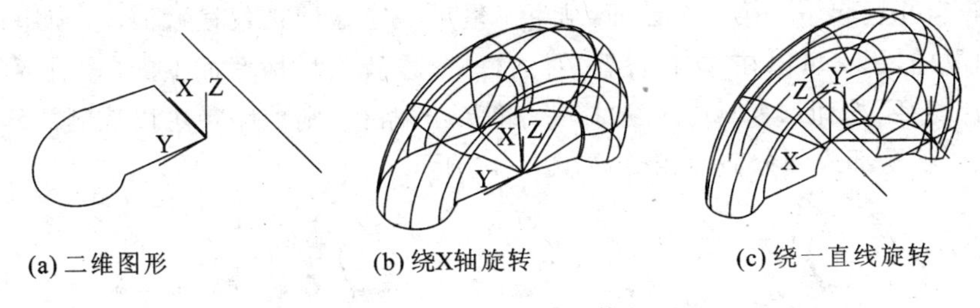

(a) 二维图形　　(b) 绕X轴旋转　　(c) 绕一直线旋转

图 9-45　旋转形成实体图

3. 将二维图形扫掠形成实体

通过扫掠命令沿某个路径延伸二维对象生成网格面或三维实体。如果要扫掠的对象不是封闭的图形，则扫掠后的对象为网格面，否则为三维实体。

单击“常用”|“建模”|“扫掠”按钮，再指定封闭图形(如图 9-46(a)所示的圆)作为扫掠对象，系统提示：

SWEEP 选择扫掠路径或[对齐(A) 基点(B) 比例(S) 扭曲(T)]:

其中：“对齐”选项用于设置前是否对齐垂直于路径的扫掠对象；“基点”用于设置扫掠的基点；“比例”用于设置扫掠的比例因子，当指定了该参数后，扫掠效果与单击扫掠路径的位置有关，如图 9-46(b)和(c)分别所示为单击扫掠路径下方和上方的不同效果；“扭曲”用于设置扭曲角度或允许非平面扫掠路径倾斜。

选取扫掠的路径（如图 9-46（a）所示的螺旋形），则生成如图 9-46（b）所示的实体。

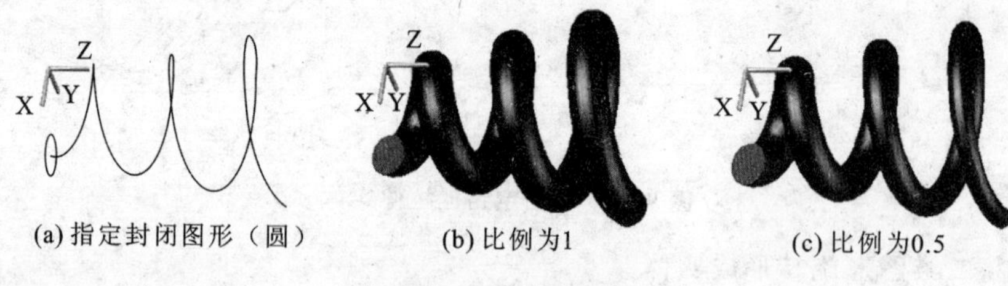

(a) 指定封闭图形（圆） (b) 比例为1 (c) 比例为0.5

图 9-46 扫掠形成实体

4. 将二维图形放样形成实体

放样是指在一个或多个开放或闭合对象之间延伸形状的轮廓，其特点是实体通过每一个指定的截面，并按一定的路线生成实体，其方法如图 9-47 所示。

选择“绘图”|“建模”|“放样”命令，依次指定了放样截面后（至少两个），单击两次回车键，系统提示：

LOFT 输入选项[导向(G) 路径(P) 仅横截面(C) 设置(S)]〈仅横截面〉：

若单击回车键，即可生成通过若干截面生成的放样实体。用户也可以按需要选择放样方式。

其中：“导向”选项用于使用导向曲线控制放样，每一条导向曲线必须要与每一条截面相交，并且起始于第一个截面，结束于最后一个截面；“仅横截面”选项用于只使用截面放样，用户可以在“放样设置”对话框中，设置放样横截面上的曲线控制选项；若单击“路径”按钮路径(P)，再选择一条简单的路径，则该路径可以控制放样，但该路径必须与全部或部分截面相交，如图 9-48 所示。

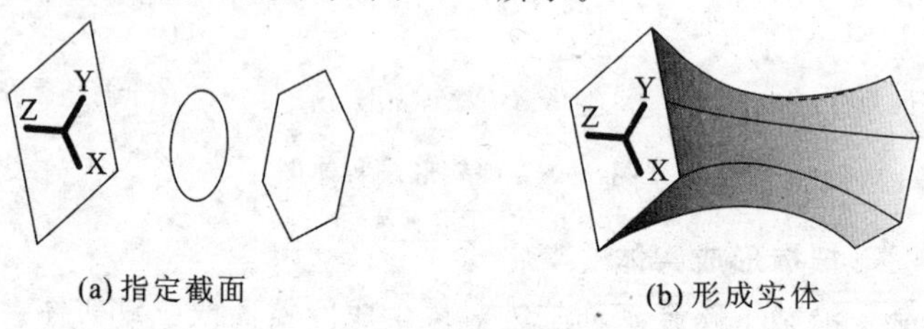

(a) 指定截面 (b) 形成实体

图 9-47 放样形成实体

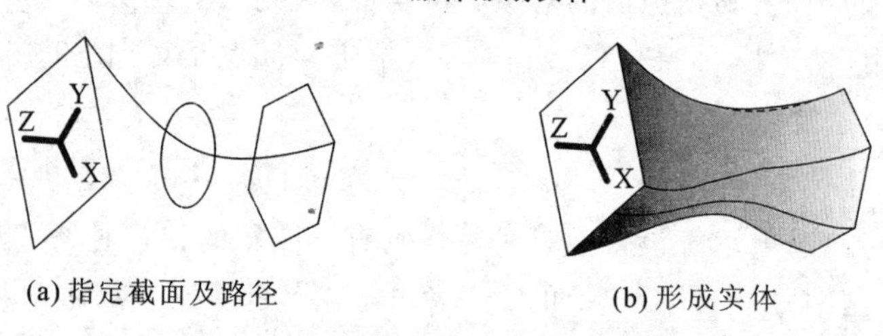

(a) 指定截面及路径 (b) 形成实体

图 9-48 指定路径后放样形成实体

在选择放样截面时，各截面是不能共面的。

9.8　三维实体的编辑

1. 三维实体的布尔运算

在 AutoCAD 中，可以通过三维实体间的交集、并集、差集和干涉四种布尔运算来创建复杂实体，"实体编辑"工具栏如图 9-49 所示，"实体编辑"面板及下拉菜单如图 9-50 所示。

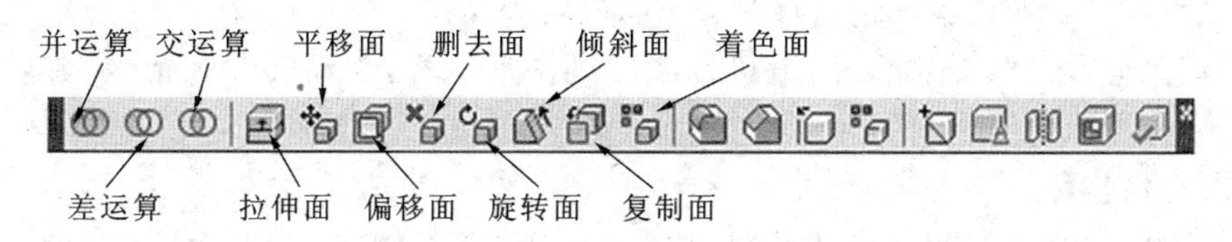

图 9-49　"实体编辑"工具栏

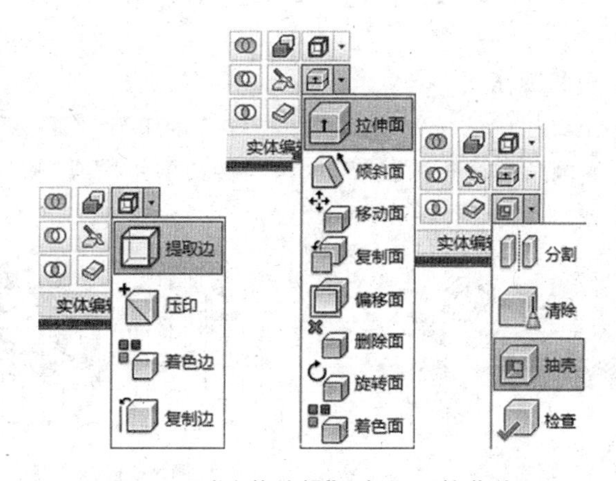

图 9-50　"实体编辑"面板及下拉菜单

并集命令是通过组合多个实体生成一个新实体，被组合后的实体将被视为一个对象，如图 9-51(b)所示。

差集命令是从一些实体中去掉部分实体，从而得到一个新的实体的操作。选择的顺序不一样，其结果也有所不同，分别如图 9-51(c)和图 9-51(d)所示。图 9-51(c)所示为圆柱体减去圆锥体，图 9-51(d)所示为从圆锥体中减去圆柱体。操作步骤是单击差集按钮，选择被剪切对象后，回车，再选择剪切对象，最后再回车，即可获得差集。

交集命令是用各实体的公共部分创建新实体，如图 9-51(e)所示。

干涉命令(INTERFERE)可以把原实体保留下来，并用两个实体的交集生成一个新实体，图 9-51(f)所示为一个圆锥体与一个圆柱体之间的执行干涉命令的结果。

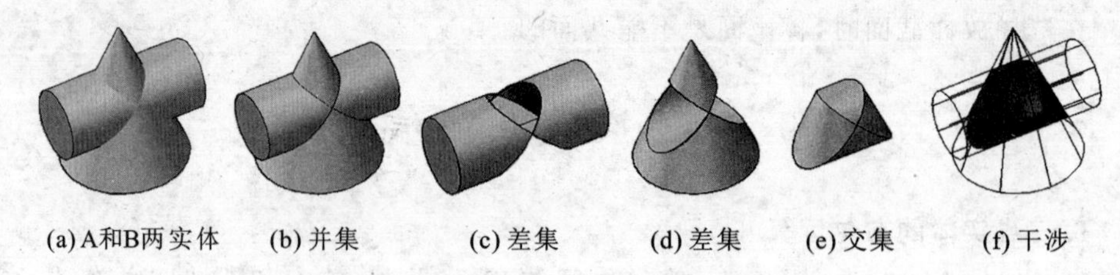

图 9-51　三维实体的布尔运算

2. 三维实体的变位编辑

三维实体的变位编辑包括移动、阵列、旋转等操作。

选择“修改”|“三维操作”，就可以像二维图形一样，移动、阵列、镜像、旋转三维对象。

3. 分解实体

单击“常用”|“修改”中的“分解”按钮(EXPLODE)，可以将实体分解为一系列面域和主体，其中实体中的平面被转换为面域，曲面被转化为主体，如图 9-52 所示。

4. 对实体修倒角和圆角

单击实体编辑工具栏中的按钮、，或单击“常用”|“修改”面板中的按钮、，选择需要圆角或倒角的棱边，再输入倒角与棱边的距离或倒圆的半径后回车，系统将自动生成圆角或倒角，如图 9-53 所示。

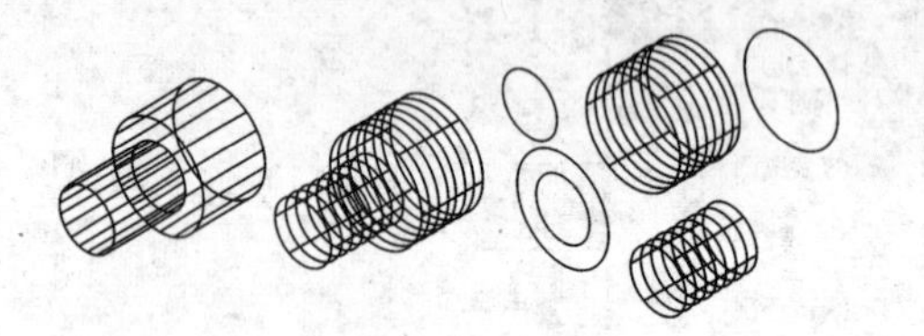

图 9-52　分解实体

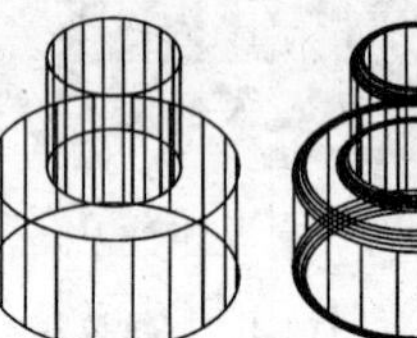
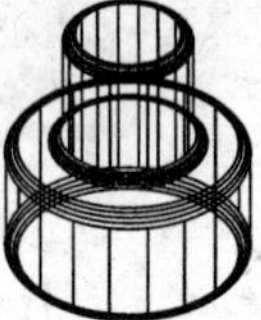
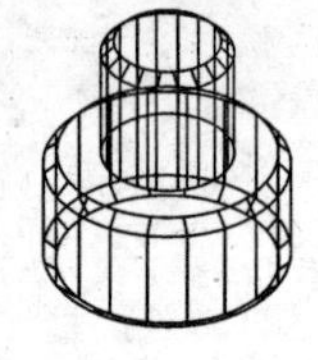

图 9-53　对实体修圆角或倒角

5. 剖切实体

剖切实体就是将实体沿切割平面切成两部分，然后再选择保留其中一部分或两部分。切割平面可以是坐标面或通过三点确定的平面等，如图 9-54 所示。

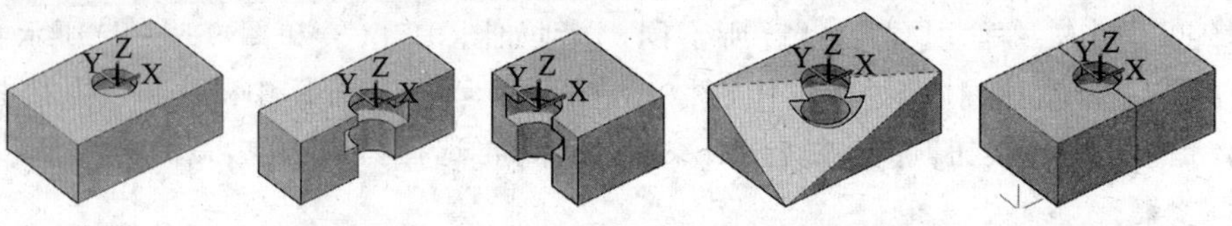

图 9-54　剖切实体

单击“常用”|“实体编辑”|“剖切”按钮(SLICE)或单击“实体编辑”工具栏中“剖切”按钮，选择需要剖切的实体，回车后，系统提示：

SLICE 指定切面的起点或[平面对象(O) 曲面(S) Z轴(Z) 视图(V) XY(XY) YZ(YZ) ZX(ZX) 三点(3)]〈三点〉:

此时可选择剖切平面的位置,它可以是已有的平面、曲面、XY平面、或通过3点确定一平面等,系统再提示:

SLICE 在所需的侧面上指定点或[保留两个侧面(B)]〈保留两个侧面〉:

若两半实体都保留则按回车键,若需要删去一侧,可以用鼠标拾取一点作为保留的一侧的方向,但该点不能位于剪切平面上。

6. 截面对象

截面对象是创建可以修改和移动以获取所需横截面视图的截面平面。它是一个用做剪切平面的透明指示器。该指示器使您能够查看剪切平面两侧的几何体,因此它是有用的视觉工具。它可以轻松地将该平面放置和移动到由三维实体、曲面或面域(从闭合形状或封闭回路创建的二维区域)组成的三维模型中的任意位置。

单击"常用"|"截面"|"截面平面"按钮(Sectionplane),系统提示:

SECTIONPLANE _sectionplane 选择面或任意点以定位截面线或[绘制截面(D) 正交(D)]:

此时可以选择一个已有的面或面上的一点确定截面的位置,也可以单击按钮绘制截面(D),系统提示:

SECTIONPLANE 指定起点:

可以依次选取两点,再回车结束。第一点可建立截面对象旋转所围绕的点,第二点可创建截面对象。系统提示:

SECTIONPLANE 按截面视图的方向指定点:

再拾取一点,作为截面,当对象被截面截取后所显示的部分如图9-55(a)所示。

选中截面后,系统会在截面上显示箭头等,如图9-55(b)所示。此时可以拖动相关的箭头,如图9-55(c)所示。

单击鼠标右键,在其下拉菜单中选择"激活活动截面",则系统自动将三维对象剖切开来,如图9-55(d)所示。也可选择"活动截面设置",此时会弹出截面设置对话框,在该对话框中可以设置断面的填充图案、边界颜色等。

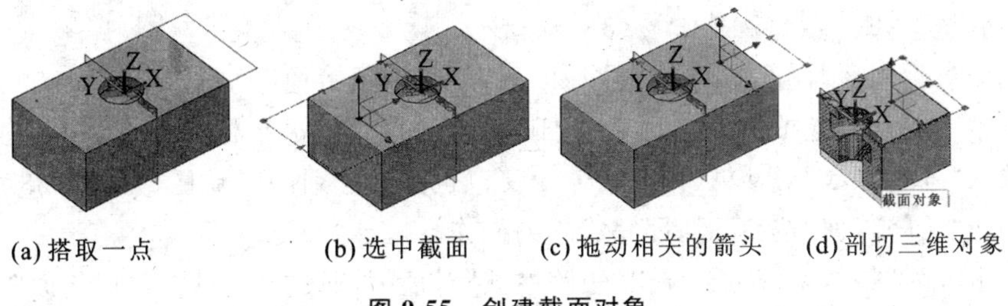

(a) 搭取一点　　(b) 选中截面　　(c) 拖动相关的箭头　　(d) 剖切三维对象

图 9-55　创建截面对象

7. 加厚

单击“常用”|“实体编辑”面板中的“加厚”按钮（THICKEN），可以为曲面添加厚度，使其成为一个实体。

8. 抽壳

抽壳是指将三维实体转换为中空薄壁或壳体。其特点就是将现有面朝其原始位置的内部或外部偏移来创建新面，如图 9-56 所示。

单击“常用”|“实体编辑”面板中下拉菜单“抽壳”按钮后，选择需要抽壳的实体，再选择不进行抽壳的一个或多个面并按 Enter 键，最后再输入抽壳偏移距离，按 Enter 键完成命令。若正偏移值沿面的正方向创建壳壁，否则沿面的负方向创建壳壁。

9. 分割

由于实体的几何运算，可能会导致几个不连续的三维实体变成一个实体，两圆柱体通过“并集”的集合运算后变成一个实体。可以单击“分割”按钮，再选择两圆柱体，按鼠标右键，则将两圆柱体分割成两个实体，如图 9-57 所示。

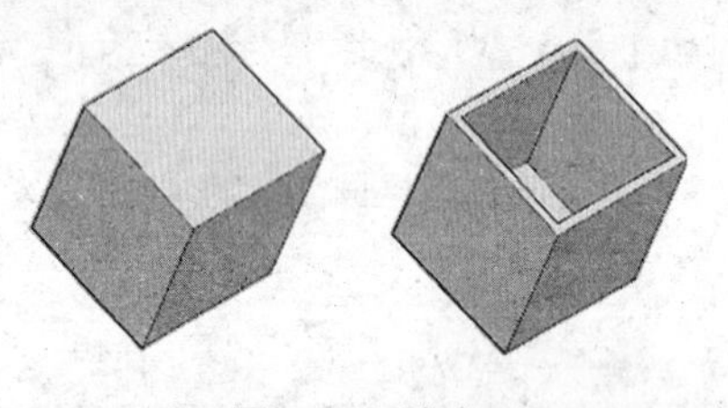

图 9-56 抽壳

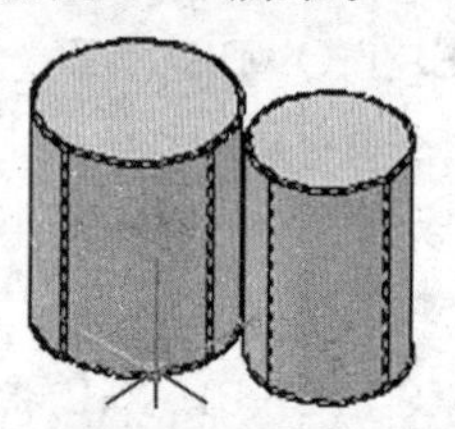

图 9-57 分割实体

10. 面着色

单击“常用”|“实体编辑”面板中下拉菜单“着色”按钮，选择需要重新定义颜色的表面后，按鼠标右键，在弹出的选择颜色对话框中选取指定的颜色，最后按“确定”按钮即可。

11. 镜像、阵列

“常用”|“修改”面板中的镜像、阵列等都可以用在三维实体上。单击“镜像”按钮，选取需要镜像的实体后回车，系统提示：

MIRROR3D [对象(O) 最近的(L) Z 轴(Z) 视图(V) XY 平面(XY) YZ 平面(YZ) ZX 平面(ZX) 三点(3)]〈三点〉：

选取对称面后，再确定是否保留原图元，就完成了镜像操作。

单击“矩形阵列”按钮，选取需要阵列的图元后单击鼠标右键，在菜单窗口将弹出输入“阵列参数”对话框，同时在命令窗口也弹出阵列的工具栏，如图 9-58 所示。单击按钮“关闭阵列”按钮，即完成阵列操作。

单击阵列图元，系统也会弹出“矩阵参数”对话框，通过该对话框可以修改阵列的参数。

环形阵列和路径阵列的操作方式与矩形阵列类似。

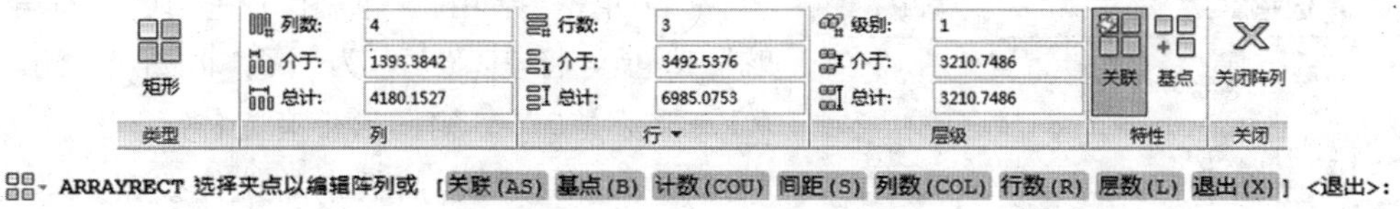

矩形 列数: 4 介于: 1393.3842 总计: 4180.1527 行数: 3 介于: 3492.5376 总计: 6985.0753 级别: 1 介于: 3210.7486 总计: 3210.7486 关联 基点 关闭阵列
类型 列 行 层级 特性 关闭

ARRAYRECT 选择夹点以编辑阵列或 [关联(AS) 基点(B) 计数(COU) 间距(S) 列数(COL) 行数(R) 层数(L) 退出(X)] <退出>:

图 9-58　“阵列参数”对话框及工具栏

12. 三维对齐

三维对齐是指通过移动、旋转或倾斜一个指定对象，使其与另一个对象对齐。在三维对齐操作时可以指定最多三个点以定义源平面，然后再指定最多三个点以定义目标平面。

单击“常用”|“修改”面板中的“三维对齐”按钮，选取要对齐的对象后按鼠标右键，先拾取源上的 2 个或 3 个对齐点后按鼠标右键，再在选取目标上拾取 2 个或 3 个点，即可完成操作，如图 9-59 所示。其中先拾取第一个源点（称为基点），它为被移动到第一个目标点，再为源目标指定第二点，它为导致旋转选定的对象，最后再拾取第三个点，它将导致选定的对象进一步旋转。

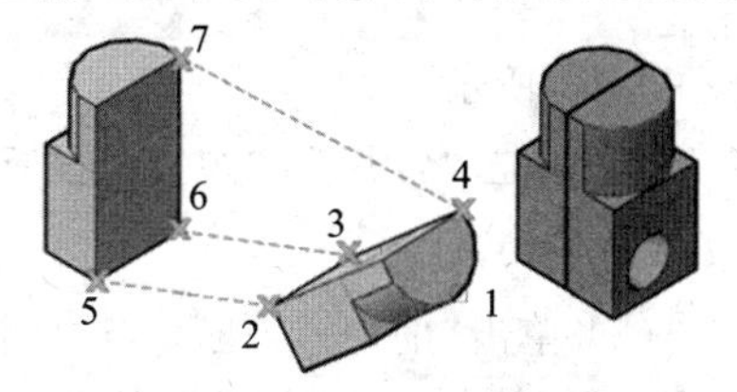

图 9-59　三维对齐

9.9　三维建模示例

创建如图 9-60 所示的三维实体，其操作步骤如下。

(1) 单击“常用”|“视图”面板中“视觉模式”选项，将视觉模式设为“灰度”形式 灰度，再将“三维导航”选项设置为“左视”，系统自动进入左端面所在的平面。

(2) 在屏幕上按图 9-61 所示的尺寸，绘制二维图形。

图 9-60　支架

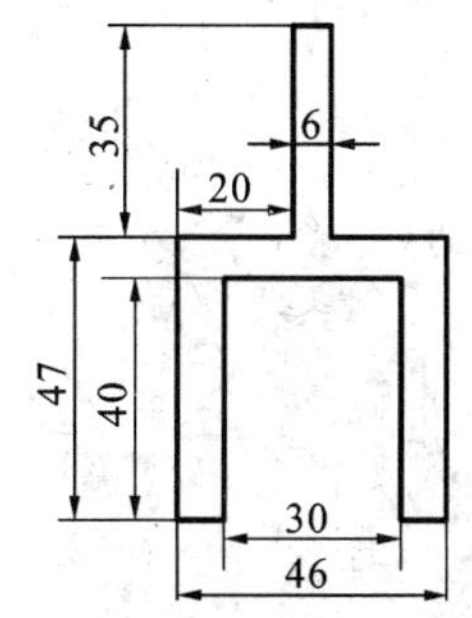

图 9-61　按尺寸绘制二维图形

(3) 单击“绘图”面板中的“边界”按钮，系统弹出如图 9-62 所示的“边界创建”对话框，将“对象类型”设置为“面域”，再单击“拾取点”按钮，再在封闭的线框中拾取 1 点，按右键结束，则生成了 1 个面域。

图 9-62 “边界创建”对话框

(4) 单击“常用”|“视图”面板中“三维导航”选项，将其设置为“西北等轴测”西北等轴测，则图形带有立体感。

(5) 单击“建模”面板中的拉伸按钮，分别拉伸上面的面域，拉伸长度为 66，其结果如图 9-63 所示。

(6) “三维导航”选项设置为“前视”，绘制如图 9-64 所示的二维图形。

单击“修改”面板中的偏移按钮，分别设置偏移距离为 12，偏移中间的直线，与圆相交。再单击绘制直线按钮，绘制两条斜线，如图 9-64 所示。

(7) 单击“常用”|“视图”面板中“三维导航”选项，将其设置为“西南等轴测”西南等轴测。

(8) 单击“剖切”按钮，选取拉伸的实体，单击右键结束选择，再单击状态栏中的按钮三点(3)，在拉伸的实体上选取如图 9-65 所示的三点，将实体剖切成如图 9-66 所示的实体。用相同的操作对另外一侧进行剖切。

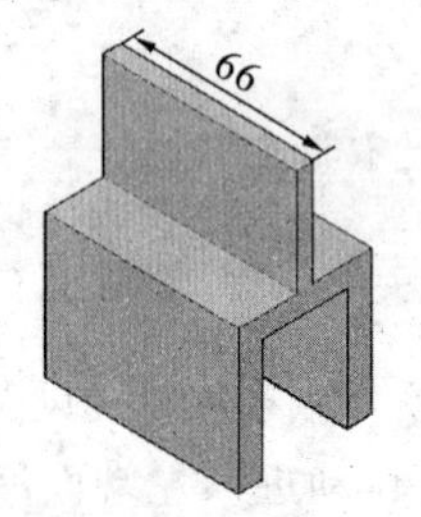

图 9-63 拉伸的结果

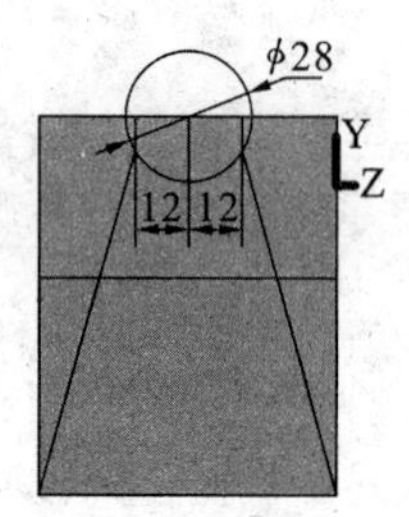

图 9-64 绘制二维图形

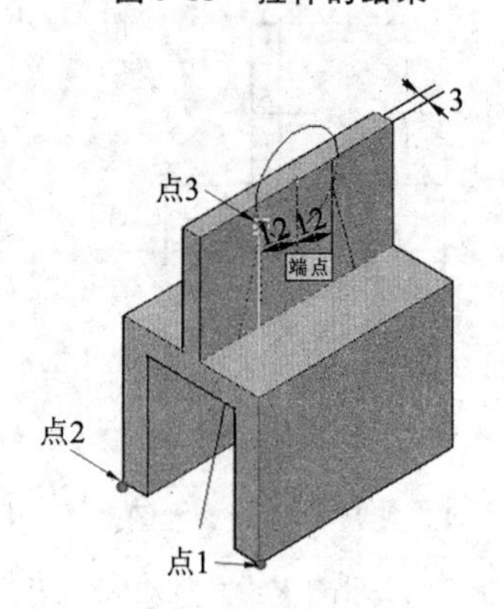

图 9-65 设偏距后绘两条斜线

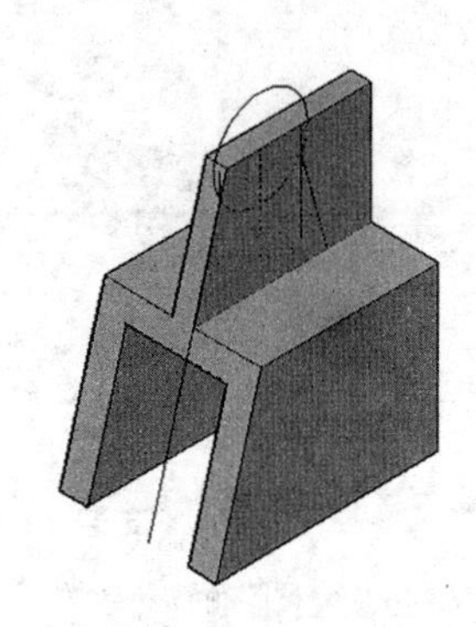

图 9-66 剖切实体

(9) 单击坐标面板中的“原点”按钮，将 UCS 坐标系移到如图 9-67 所示的位置，再将坐标系沿 Z 轴反方向偏移 2。

(10) 单击“建模”|“圆柱”按钮，将圆心坐标设为(0,0,0)，圆柱底圆直径为 28，圆柱长度为 55，即可生成如图 9-68 所示的圆柱体。

(11) 单击“原点”按钮，将新的 UCS 坐标系平移到点(−25,0,41)处后，再将坐标系绕 Y 轴旋转 90°，如图 9-69 所示。

(12) 单击“建模”|“圆柱”按钮，将圆心坐标设为(0,0,0)，圆柱底圆直径为 20，圆柱长度为−25，即可生成如图 9-70 所示的圆柱体。

(13) 单击“实体编辑”面板中的“并集运算”按钮，将三个实体合并成一个实体。

(14) 单击“建模”|“圆柱”按钮，将圆心坐标设为(0,0,0)，圆柱底圆直径为 10，圆柱长度为 25，即可生成一圆柱体。再单击“差集运算”按钮，选择总实体回车，再选择直径为 10 的圆柱体，回车，则生成了直径为 10 的圆柱孔。

(15) 将 UCS 坐标系平移到直径为 28 的圆柱体的端面，并将 XY 平面与端面重合。再创建一个直径为 19、长度为 55 的圆柱体，再将整个实体减去这个圆柱体，即可生成直径为 19 的圆孔。再删去不需要的辅助线，就完成了如图 9-71 所示的三维实体的建模。

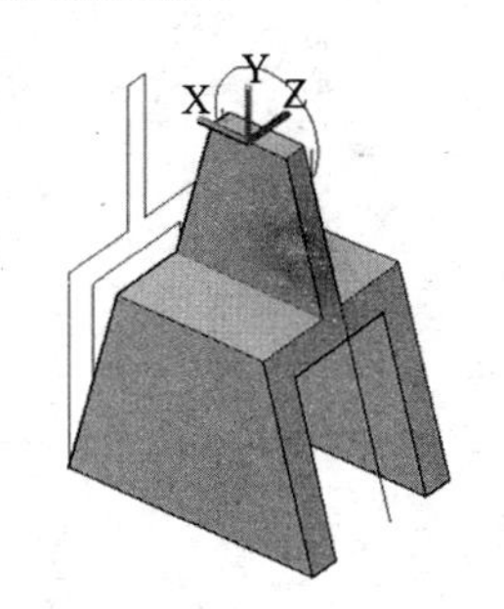

图 9-67　第一次移 UCS 坐标系

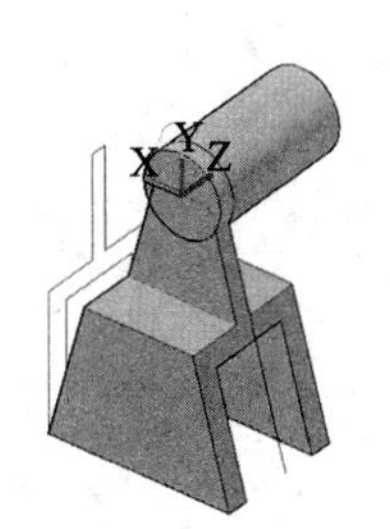

图 9-68　生成第一个圆柱体

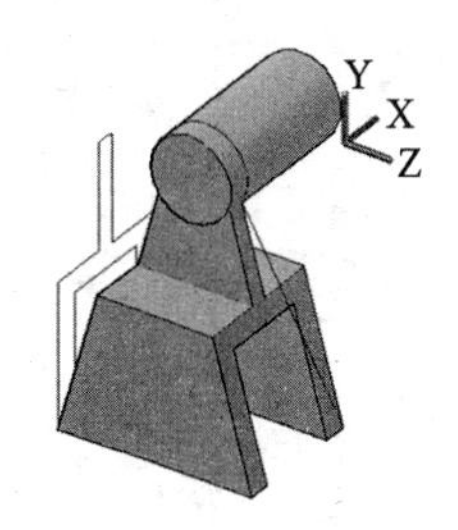

图 9-69　第二次移 UCS 坐标系

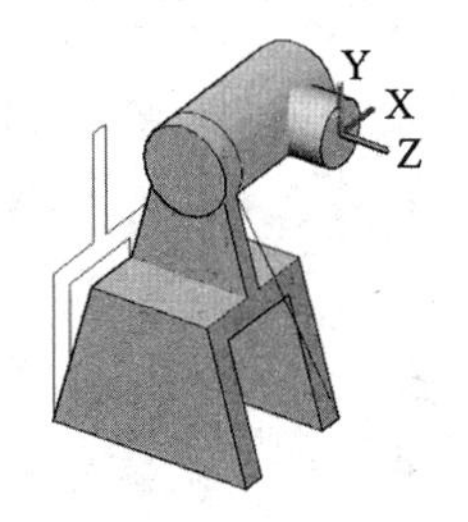

图 9-70　生成第二个圆柱体

图 9-71　三维实体

思　考　题

9-1　可以直接创建常见的基本体的实体吗?

9-2　可以通过哪些方法创建三维实体?

9-3　用二维图形创建三维实体常用的方法有哪些?

9-4　若扫掠的对象是非封闭的图形,其扫掠后的结果是实体还是曲面?

9-5　拉伸二维平面图形时,若拉伸的角度为负数,它会产生内锥面吗?

9-6　有哪些布尔运算适用于三维实体?

9-7　二维的倒角、倒圆功能可以应用到三维实体上吗?

9-8　在进行三维环形阵列时,需要指定哪些参数?

9-9　在进行三维矩形阵列时,需要指定哪些参数?

第 10 章 图形输入、输出和打印

本章重点

(1) 掌握图形输入、输出的各种方法;

(2) 掌握打印图形的方法;

(3) 掌握发布各种图形文件的方法。

AutoCAD 2013 提供了强大的输入、输出和打印功能,即可以把图形文件保存为特定的文件类型,以便将它们传递给其他应用程序,或直接打印。

10.1 图形的输入

在"AutoCAD 经典"工作空间中单击"插入"菜单,系统弹出相关的下拉菜单,如图 10-1 所示,它可以将其他应用程序创建的数据文件(不是 DWG 文件)输入到当前图形中,并将数据转换为相应的 DWG 文件数据。也可以在"三维建模"工作空间中,单击"插入"|"输入"面板中"输入"按钮,打开"输入文件"对话框。

图 10-1 "插入类型"下拉菜单

选中一种文件类型,系统显示"输入文件"对话框(标准文件选择对话框)。在"文件类型"中,选择要输入的文件格式。在"文件名"中,选择要输入的文件名。该文件即可被输入到图形中。

表 10-1 所示的是 AutoCAD 允许插入的文件类型格式。

表 10-1 插入的类型及其说明

格式	说明
3D Studio (*.3ds)	3D Studio 文件
ACIS (*.sat)	ACIS 实体对象文件
Autodesk Inventor (*.ipt),(*.iam)	Autodesk Inventor 零件和装配文件
CATIA V4 (*.model; *.session; *.exp; *.dlv3)	CATIA® V4 模型、任务和输出文件
CATIA V5 (*.CATPart; *.CATProduct)	CATIA® V5 零件和装配文件

续表

格　式	说　明
DGN（*.dgn），包括具有用户指定的文件扩展名的 DGN 文件，如用于种子文件的 .sed	MicroStation DGN 文件
FBX（*.fbx）	Autodesk® FBX 文件
IGES（*.iges；*.igs）	IGES 文件
JT（*.ij）	JT 文件
Parasolid（*.x_b）	Parasolid 二进制文件
Parasolid（*.x_t）	Parasolid 文本文件
Pro/ENGINEER（*.prt；*.asm）	Pro/ENGINEER®零件和装配文件
Pro/ENGINEER Granite（*.g）	由 Pro/ENGINEER 生成的 Granite 文件
Pro/ENGINEER 中性（*.neu）	由 Pro/ENGINEER 生成的 Granite 中性文件
Rhino（*.3dm）	Rhinoceros®模型文件
SolidWorks（*.prt；*.sldprt；*.asm；*.sldasm）	SolidWorks®零件和装配文件
图元文件（*.wmf）	Microsoft Windows®图元文件
STEP（*.ste；*.stp；*.step）	STEP 文件

10.2　模型空间与图纸空间

AutoCAD 系统具有模型空间和图纸空间。通俗地讲，模型空间就是完成绘图或建模的工作空间，即指所画的实物。图纸空间就相当于图纸，它是建立与工程图相对应的绘图空间，用来创建最终供绘图机或打印机输出图纸所用的平面图。

模型空间和图纸空间相当于两张重叠放置的不透明的纸张，它们之间没有连接关系。这种无连接的关系就是指模型空间与图纸空间之间的相对位置是可以变化的，也可以采用不同的坐标系。它不像图层，图层可以看出是重叠放置的透明的纸，尽管对象被放置在不同的图层上，但图层与图层之间的相对位置始终保持一致，使得对象的相对位置永远正确。

一般既可以在模型空间中绘制全比例的二维图形、创建三维模型以及标注尺寸，也可以在图纸空间绘制图形。但图形最好只在模型空间绘制，不要一部分图形在模型空间绘制，另一部分对象又在图纸空间中绘制。

在状态栏中单击“布局”或“模型”标签，可以实现模型空间与图纸空间的切换。

1. 利用布局向导创建布局

利用布局向导创建布局，就是利用“创建布局”对话框来设置打印机配置、页面设置、打印样式等。它可以不再修改或调整就能执行打印操作。

单击“插入”|“布局”|“创建布局向导”，系统弹出如图 10-2 所示的“创建布局”对话框，通过该对话框，可以设置新布局的名称。单击“下一步”按钮可依次设置打印机、图纸尺寸、方向、标题栏等参数。

2. 布局页面设置

图形在打印之前必须对打印样式、打印机或绘图机等进行设置，即需要进行布局页面设置。

单击“文件”|“页面设置管理器”，系统弹出如图 10-3 所示的“页面设置管理器”对话框。该对话框可以将某种布局设为当前布局，或新建一个布局或修改某个已有的布局。

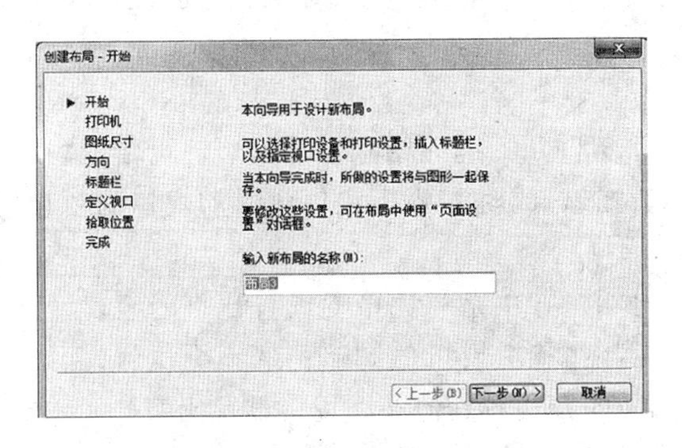

图 10-2　“创建布局”对话框

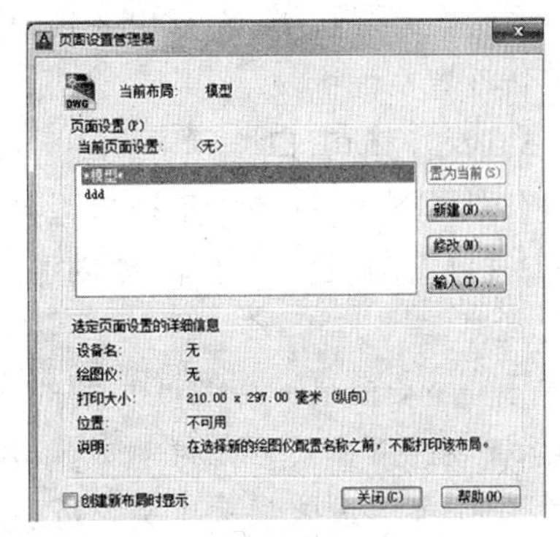

图 10-3　“页面设置管理器”对话框

在“页面设置管理器”对话框中，单击“修改”按钮，弹出如图 10-4 所示的“页面设置”对话框，它可以按照出图的要求对现有的页面设置进行详细的修改和设置。

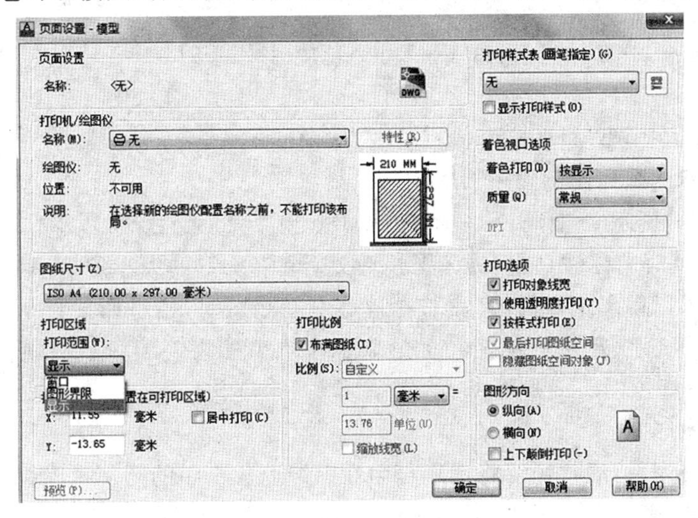

图 10-4　“页面设置”对话框

其中:若将“打印范围”设置为“窗口”,则打印范围是在模型空间中指定的某个矩形区域;若设置为“图形界限”,则打印范围为命令“limit”设置的图形界限;若设置为“显示”,则打印范围为模型空间的当前视口中的视图。

“打印偏移”选项用来设置相对于可打印区域左下角的偏移量或设置为“居中打印”。

在“打印比例”选项中可以设置打印比例,若需要按比例缩放线宽,可以选中“缩放线宽”复选框。

在“页面设置管理器”对话框中,单击“新建”按钮,可以新建一个新的布局。

在“页面设置管理器”对话框中,单击“输入”按钮,通过选择一个图形文件,可以将该图形文件中的页面设置输入到现有的文件中。

右击“布局”标签,在弹出的快捷菜单中,可以删除、新建、重命名、移动、复制布局或重新设置页面。

3. 调整浮动窗口

在布局图中,选择浮动视口边界,然后按 Delete 键即删除浮动窗口。再使用“视图”|“视口”|“新建视口”命令,创建一浮动视口,此时需要指定创建浮动视口的数量和区域。

每个浮动窗口可以改变它们的缩放比例。方法是先选中要设置比例的视口,再单击鼠标右键,在其下拉菜单中单击“特性”,在特征窗口的“其他”选项中找到“标准比例”下拉菜单选取某一比例。可以用相同的方法对其他浮动视口设置比例。

在浮动窗口中,执行 MVSETUP 命令可以旋转整个图形。

在删除浮动窗口后,若选择“视图”|“视口”|“多边形视口”命令,可以创建多边形的浮动视口。也可以先在视口中绘制封闭线框,再通过“视口对象”设置视口边界。

10.3 打印图形

通常可以在模型空间或布局空间中打印图形。

1. 尺寸标注全局比例因子 DIMSCAL

图 10-5(a)所示为全局比例因子 DIMSCAL=1 时的标注,图 10-5(b)所示为 DIMSCAL=2 时的标注,它们的区别就是文字和箭头等的大小发生了变化。因此从这两个标注可以得出这样的结论:若在模型空间出图时,当打印比例是 1∶n,如果希望尺寸标注的文字、箭头等标注特征值取打印出来的物理图样上的规格,应该设置 DIMSCALE=n。

2. 打印图形

图形绘制完后,通常需要将图形打印在图纸上。打印的图形可以是单一视图,也可以是排列视图。

在模型空间,单击“文件”|“打印”,系统弹出“打印-模型”对话框,该对话框与“页

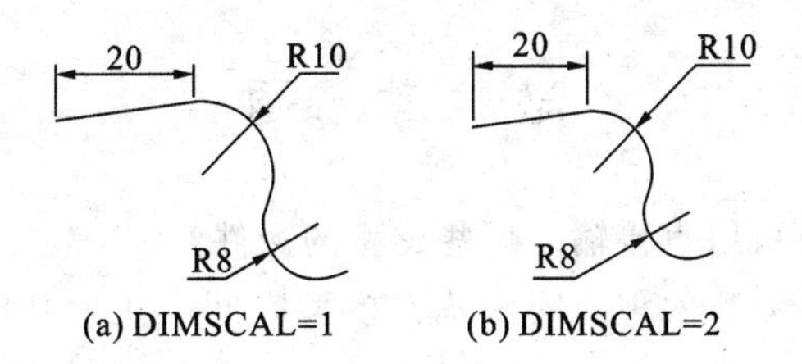

图 10-5　DIMSCAL 不同时尺寸数字和箭头等的变化

面设置-模型”对话框中的内容基本相同，若选中“打印到文件”的复选框，可以将选定的布局送到打印文件，而不是发送到打印机。

设置完参数后，单击对话框中的“确定”按钮，系统就会开始打印输出图形，并动态显示打印作业的进度。在输出过程中，若单击“Esc”键，可以中断输出。

同样在图纸空间中，即在已创建的布局环境下，单击“文件”|“打印”，可以打印已布置好的图形文件，其操作与在模型空间打印一样。

10.4　图形的输出与发布

单击“文件”|“输出”，可以将编辑好的图形以多种格式输出，常见的输出格式有“. wmf”、“. bmp”、“ACIS 文件”及 3D Studio 图形格式的文件等。

三维的 DWF 文件可在装有网络浏览器的 Autodesk WHIP 插件的计算机中打开、查看和输出。它支持图形文件的实时移动和缩放，并支持控制图层、命名视图和嵌入链接显示效果。

单击“文件”|“网上发布”，系统弹出如图 10-6 所示的“网上发布”对话框。它可以将图形发布到 Internet 上。它利用网上发布工具，快捷地创建格式化 Web 页，该 Web 页可以包含 DWF、PNG 或 JPEG 等格式的图像。

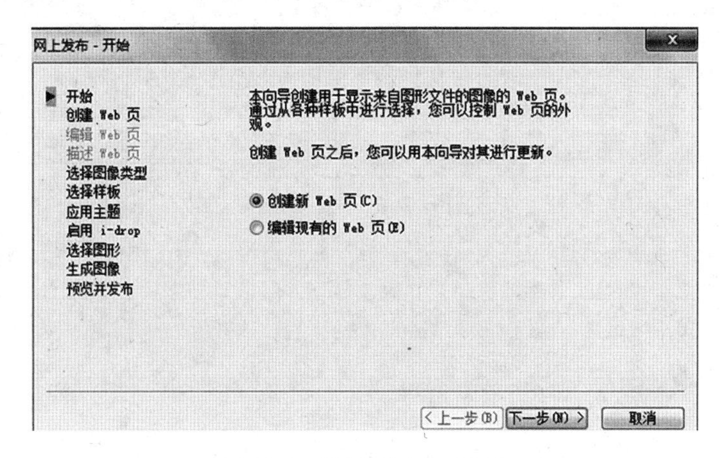

图 10-6　“网上发布”对话框

思　考　题

10-1　AutoCAD 可以直接输入哪些类型的文件？

10-2　AutoCAD 有哪两种空间模式？模型空间的主要功能是什么？图纸空间的主要功能是什么？

10-3　全局比例因子的特点是什么？

10-4　图纸空间是由什么来实现的？如何实现模型空间与图纸空间的切换？

10-5　图形的输出有哪几种形式？

10-6　只能在绘图机上打印图样吗？

附　　录

附录A　AutoCAD 2013 常用命令及快捷键

对象特性

快捷键　　执行命令　　命令说明

ADC,ADCENTER 设计中心"Ctrl+2"

CH,MO PROPERTIES 修改特性"Ctrl+1"

MA,MATCHPROP 属性匹配

ST,STYLE 文字样式

COL,COLOR 设置颜色

LA,LAYER 图层操作

LT,LINETYPE 线形

LTS,LTSCALE 线形比例

LW,LWEIGHT 线宽

UN,UNITS 图形单位

ATT,ATTDEF 属性定义

ATE,ATTEDIT 编辑属性

BO,BOUNDARY 边界创建,包括创建闭合多段线和面域

AL,ALIGN 对齐

EXIT,QUIT 退出

EXP,EXPORT 输出其他格式文件

IMP,IMPORT 输入文件

OP,PR OPTIONS 自定义 CAD 设置

PRINT,PLOT 打印

PU,PURGE 清除垃圾

R,REDRAW 重新生成

REN,RENAME 重命名

SN,SNAP 捕捉栅格

DS,DSETTINGS 设置极轴追踪

OS,OSNAP 设置捕捉模式

PRE,PREVIEW 打印预览

TO,TOOLBAR 工具栏

V,VIEW 命名视图

AA,AREA 面积

DI,DIST 距离

LI,LIST 显示图形数据信息

绘图命令

命令说明	执行命令	快捷键
直线	line	L
构造线	xline	XL
多线	mline	ML
多段线	pline	PL
正多边形	polygon	POL
矩形	rectang	REC
圆弧	rc	A
圆	circle	C
样条曲线	spline	SPL
椭圆	ellipse	EL
插入块	insert	I
创建块	block	B
图案填充	bhatch BH	H
多行文字	mtext	MT

修改命令

命令说明	执行命令	快捷键
删除	erase	E
复制对象	copy	CO
镜像	mirror	MI
偏移	offset	O
阵列	array	AR
移动	move	M
旋转	rotate	RO
缩放	scale	SC
拉伸	stretch	S
修剪	trimTR	
延伸	extend	EX
打断于点	break	BR
打断	break	BR
倒角	chamfer	CHA
圆角	fillet	F
分解	explode	X
特性匹配	matchprop	MA
放弃	Ctrl＋Z	U
实时平移	pan	P
实时缩放	zoom	Z
特性	Ctrl＋1 ;	CH
清除	Del	

视窗缩放

快捷键　执行命令　命令说明

P,PAN(平移)

Z＋空格＋空格,实时缩放

Z,zoom 局部放大

Z＋P,返回上一视图

Z＋E,显示全图

尺寸标注

快捷键　执行命令　命令说明

DLI,DIMLINEAR(直线标注)

DAL,DIMALIGNED(对齐标注)

DRA,DIMRADIUS(半径标注)

DDI,DIMDIAMETER(直径标注)

DAN,DIMANGULAR(角度标注)

DCE,DIMCENTER(中心标注)

DOR,DIMORDINATE(点标注)

TOL,TOLERANCE(标注形位公差)

LE,QLEADER(快速引出标注)

DBA,DIMBASELINE(基线标注)

DCO,DIMCONTINUE(连续标注)

D,DIMSTYLE(标注样式)

DED,DIMEDIT(编辑标注)

DOV,DIMOVERRIDE(替换标注系统变量)

附录B　常用Ctrl快捷键

【CTRL】+1＊PROPERTIES(修改特性)
【CTRL】+2＊ADCENTER(设计中心)
【CTRL】+O＊OPEN(打开文件)
【CTRL】+N、M＊NEW(新建文件)
【CTRL】+P＊PRINT(打印文件)
【CTRL】+S＊SAVE(保存文件)
【CTRL】+Z＊UNDO(放弃)
【CTRL】+X＊CUTCLIP(剪切)
【CTRL】+C＊COPYCLIP(复制)
【CTRL】+V＊PASTECLIP(粘贴)
【CTRL】+B＊SNAP(栅格捕捉)
【CTRL】+F＊OSNAP(对象捕捉)
【CTRL】+G＊GRID(栅格)
【CTRL】+L＊ORTHO(正交)
【CTRL】+W＊(对象追踪)
【CTRL】+U＊(极轴)

附录C　常用功能键及特殊字符

F1 帮助
F2 文本窗口
F3 对象捕捉
F4 数字化仪
F5 等轴测平面
F6 坐标
F7 栅格
F8 正交
F9 捕捉
F10 极轴
F11 对象捕捉追踪

附录D　特殊字符的输入

度　　%%D
正负号　　%%P
直径符号　　%%C

参考文献

[1] 麓山文化. AutoCAD 2013 实用教程[M]. 北京:机械工业出版社,2012.

[2] 徐建平,马利涛. 精通 AutoCAD 2007 中文版[M]. 北京:清华大学出版社,2005.

[3] 何培英,杜宝玉,韩素兰,等. AutoCAD 计算机绘图实用教程[M]. 北京:高等教育出版社,2012.

[4] 朱冬梅,胥北澜,何建英. 画法几何及机械制图[M]. 北京:高等教育出版社,2008.

[5] 黄其柏,阮春红,何建英. 画法几何及机械制图[M]. 武汉:华中科技大学出版社,2012.